자연 미장

자연 미장

1판 1쇄 발행 2022년 1월 20일

지은이 김성원 | **펴낸이** 임중혁 | **펴낸곳** 빨간소금 | **등록** 2016년 11월 21일 (제2016-000036호)

주소 (01021) 서울시 강북구 삼각산로 47, 나동 402호 | **전화** 02-916-4038

팩스 0505-320-4038 | **전자우편** redsaltbooks@gmail.com

ISBN 979-11-91383-10-2(03540)

자연 미장

아름답고 건강한 세계의 미장 기술

김성원 지음

빨간소금

익숙함 너머 낯선 전경 속으로

14년! 미장을 시작한 지 제법 시간이 지났다. 처음 흙부대 집(earthbag house)을 지으면서 하얗게 드러난 부대자루 벽을 덮으려고 흙 미장을 시작했다. 전남 장흥 용산으로 귀농해서 이웃들에게 말을 걸기에도 어색했던 때, 다가온 이웃들이 있었다. 지금은 고인이 된 옥동 아재가 "예전에는 마을에 누가 성주(주택 건축)할 때면 애고 어른이고 마을 사람들이 다 나와 논흙에 여물을 썰어 넣고 반죽해서 발라줬어"라며 건네던 말이 생각난다. 아마도 그때는 벽 미장이 정말 시시로 하던, 아무것도 아닌 일이었는지도 모른다. 그러나 별것 아니라 생각하며 시작한 흙 미장은 결코 녹록지 않았다. 흙벽이 거북이 등처럼 갈라져서 온 벽을 망사로 감싸고 다시 흙 반죽을 발라야 했다. 회벽을 바를 때는 아무리 정성을 들여도 더운 날씨에 계속 갈라지는 걸 어쩌지 못해 막막하던 때도 있었다. 제대로 원하는 색상을 내기는 거의 불가능했다. 어찌어찌 몇 달이 걸려 미장을 끝냈지만 지금 돌아보면 한숨만 나온다.

고생스럽게 집을 지은 까닭일까? 미장은 내가 꼭 풀어야 할 숙제로 남았다. 집을 다 짓고 나서도 틈틈이 미장을 다룬 책과 잡지들을 사서 읽었다. 미장 관련 논문들이나 자료들도 수없이 훑어봤다. 글로 세상을 배운 나 같은 사람은 무엇인가를 익힐 때 책부터 찾는다. 우선 미장 관련 단어와 개념부터 익혔다. 그러나 그것만으로 충분치 않았다. 흙, 모래, 짚, 풀등 재료의 특성을 이해해야 했다. 이것은 책을 읽는다고 온전히 알 수 있는 것이 아니었다. 수시로 실험하고 미장에 관심을 가진 이들과 자주 워크숍을 열면서 재료와 도구를 다루는 데 익숙해졌지만 그것으로도 충분치 않았다. 알면 알수록 도전해야 할 여러 기법들이 보이고, 실험에 실험을 거듭해도 풀리지 않는 숙제가 남았다. 인터넷을 뒤지고 동영상을 찾아봐도, 몸으로 반복해서 체득할 때만 느낄 수 있는 감이랄까, 확신이랄까 그런 것은 부족하기만 했다. 잘해보려 할수록 긴장감에 해결책을 찾지 못하고 헤매던 때도 있었다. 그러다 갑자기 깨닫게 되고 알게 되고 숙달되는 순간들이 쌓였다.

　오랜 시간이 걸렸지만 어느새 미장일도 익숙해졌다. 그렇게 14년이 흘렀다. 며칠 전 어느 쇼핑몰에서 아무 생각 없이 벽을 보다가 익숙한 내 모습을 발견했다. 쇼핑몰 벽은 가는 모래와 석회, 화학접착제, 미색 안료를 섞어 거칠게 바른 스타코(stucco) 미장 벽이었다. 한 번 미장을 한 후 그 위에 입자가 굵은 모래를 듬성듬성 던져 뿌리고 다시 흙손으로 미장을 한 듯 모래 긁힌 자국이 남아 있었다. 예전 같으면 그저 스쳐 지나갈 별다르지 않은 미장 벽이지만 이제 나는 안다. 그 정도 간격으로 굵은 모래를 뿌려 붙이고 딱 10cm 정도만 긁힌 자국을 남겨 너무 과하지도 너무 지저분하지도 않게 문양을 낸다는 게 그리 쉽지 않다는 것을. 아마도 이 벽을 미장한 장인은 최소 10년 이상 미장을 한 사람일 것이다.

이미 익숙해져서 흔하게 느껴지는 것들, 아무것도 아닌 것으로 치부했던 일들. 막상 한 발짝 그 너머로 발을 디디면 바짝 긴장하게 만들 정도로 낯선 풍경이 펼쳐진다. 아무것도 아닌 듯해도 그 일을 제대로 해내기 위해 아주 오랜 시간 특별한 노력을 기울였을 것이다. 오랜 시간 그 낯선 긴장을 견디며 익숙한 일로 삼았다는 것, 그것만으로도 특별하다.

낯선 긴장을 오랫동안 견디며 자연 미장을 익숙한 일로 만들어보려는 젊은이들, 삶의 기술로 익히려는 이들, 사라져 가는 자연 미장을 생계 수단으로 삼으며 고단한 현장에서 미장의 부흥을 위해 노력하는 미장 장인들, 그런 이들을 고대하며 이 책을 썼다. 이 책은 미장에 대해 14년 동안 조사하며 정리한 자료 노트이자, 어설픈 실험과 워크숍을 통해 알게 된 경험의 정리이다. 여전히 아직도 불명확하고 부족한 부분이 적지 않다. 그 부족한 부분은 앞으로 나의 과제이기도 하고, 미장에 매혹되어 오랫동안 탐구하며 기록해 나갈 이 책을 읽은 어떤 독자의 몫이기도 하다.

2022년 1월
김성원

차례

3부
흙 미장

4부
이런저런 흙 미장

5부
석회 미장

6부
인테리어 미장 표현 기법

7부
알아두면 쓸모 있는 미장 지식

1부
미장의 역사

1

흙,
가장 오래된
재료

       미장은 문명과 함께 시작된 오래된 기술이다. 미장은 건물의 벽·담·바닥을 단단하게 만들어 비·바람·햇볕을 막거나 습기를 조절하고, 외장을 아름답게 꾸미는 작업이다. 처음엔 흙 반죽, 그다음은 석회와 석고 반죽을 사용했다. 현대에 들어와서는 시멘트가 널리 쓰이고 있다. 그중 가장 오랫동안 널리 쓰인 재료는 흙이다.

  인류가 동굴을 떠나 돌이나 갈대, 잔가지로 오두막을 세울 때부터 미장은 시작되었다. 동굴에 살던 고대인은 풍부한 먹거리를 찾기 위해, 지진이나 화산 폭발 때문에, 때로는 빙하기의 급격한 추위를 피해 더 안전한 곳으로 떠나야 했다. 새로운 정착지를 찾으러 가는 동안 밤의 추위와 새벽의 이슬, 야수의 위협, 갑작스러운 비바람과 폭설을 피할 거처가 필요했다. 그들은 이미 식물 덩굴과 잔가지를 가지고 성근 바구니를 짤 수

나미비아의 흙 반죽을 바른 오두막

있었다. 커다란 바구니 모양으로 나뭇가지들을 걸치거나 얼기설기 엮고 그 위에 넓은 잎이나 낙엽, 잎이 무성한 갈대나 띠풀을 덮어서 피난처를 만들었다. 추운 곳에서는 그 위에 다시 흙을 덮었다. 사냥이나 유목을 하며 자주 이동하는 부족은 동물의 가죽을 덮었다.

　사람들은 한곳에 정착하면서 오두막을 짓기 시작했다. 이전의 오두막은 바람을 막거나 작은 야생동물, 벌레를 막기에 미흡했다. 더욱 견고한 거처를 만들기 위해 나뭇가지를 촘촘히 엮은 오두막에 흙과 물을 섞어 흙 반죽을 발랐다. 비로소 인류는 동굴이 아닌, 원하는 곳 어디에나 '동굴처럼 견고한 집'을 만들 수 있게 되었다. 깨끗한 물을 구할 수 있는 강 근처, 조금만 보완하면 안전하고 경치 좋은 대지 위, 먹을거리가 많은 숲이나 농경지 가까이에 집을 짓고 거주하게 되면서 사람들이 모였다. 이렇게 집을 짓게 되면서 도시가 생겨났다.

나뭇가지를 엮은 오두막에 흙 반죽을 발라 집을 짓는 방법은 점차 발전했다. 큰 나무를 기둥 삼아 수직으로 세우고, 그 위에 나무 보나 서까래를 걸쳐 지붕을 만드는 구조법이 널리 퍼졌다. 나무 기둥과 기둥, 서까래와 서까래 사이에 잔가지나 대나무, 수숫대를 바구니 엮듯 엮은 뒤 흙 반죽을 덧붙여 벽체를 만드는 초벽(初壁)은 전 세계 곳곳에서 발견되는 가장 대표적인 흙 건축 방법이다. 영미 문화권에서 말하는 와틀 앤 도브(wattle&daub)는 '나무틀과 (흙) 반죽 덩어리'란 뜻으로, 초벽을 말한다. 한

기둥과 기둥 사이에 잔가지 윗대를 엮은 후 흙 반죽을 바른 초벽

옥의 목구조 사이에 잔가지나 수숫대, 대나무로 욋대를 짜 넣고 그 위에 흙 미장을 해서 벽체를 만드는 심벽도 한옥식 목구조와 결합된 초벽의 일종이다. 일본, 동남아시아, 중국, 아프리카, 유럽, 남미에서 이와 같은 초벽은 이미 만들어진 벽에 단지 흙을 덧바르기만 하는 미장이 아니었다. 흙 반죽과 엮은 나뭇가지가 어울려 그 자체로 벽이 되는 아주 오래된 건축 방법 중 하나였다.

한편, 나무보다 돌을 구하기 쉬운 산악 지대에서는 돌로 담을 쌓고 집을 짓는 이들이 등장했다. 그러나 돌과 돌 사이에는 틈이 너무 많았다. 때때로 쌓은 돌이 무너지기도 했다. 이들은 볕에 내버려 두었던 흙 반죽 덩어리가 굳으면서 돌처럼 단단하게 변한다는 사실을 알게 되었다. 흙 반죽을 쌓기 좋은 형태로 빚은 뒤 말려서 흙 벽돌(adobe)을 만들었다. 흙 벽돌에 물을 묻혀 쌓으면 서로 붙긴 했지만 좀 더 단단하게 고정할 필요가 있었다. 흙을 구워서 도기를 만들어 사용하던 이들은 흙 벽돌을 구워서 빗물에도 풀어지지 않는 구운 점토 벽돌을 만들어 집을 짓기 시작했다.

이제 흙 반죽은 벽에 바를 때만이 아니라 벽돌과 벽돌, 돌과 돌을 붙이는 접착 반죽(mortar)으로도 쓰이게 되었다. 사람들은 흙 반죽을 이용해 돌과 흙 벽돌, 구운 벽돌을 단단하게 접착하면서 쌓을 수 있게 되었고, 그 결과 견고하고 다양한 형태의 돌집이나 벽돌집을 지을 수 있었다. 곡물 농사가 발달하면서 짚에 묽은 흙을 섞어 만든 여물 흙 반죽을 그대로 척척 쌓아서 벽체를 만드는 거섶 흙집(cob house)도 등장했다.

사람들은 단지 벽체를 만드는 데 만족하지 않았다. 돌과 벽돌로 쌓은 벽체나 거섶 흙벽 위에 고운 흙 반죽을 덧발라 벽을 보호하고 더욱 아름답게 꾸미기 시작했다. 처음부터 흙 반죽을 사용하는 초벽도 마찬가지여서 그 위에 흙 반죽을 덧바르기 시작했다. 흙 미장은 이렇게 대부분의 벽체에 적용되었다.

처음엔 점성이 있는 흙과 물만 섞었지만 점차 강가의 모래, 마른 풀이나 짚을 함께 섞어서 사용하기 시작했다. 흙 미장은 흙 벽돌을 만들 때처럼 틀이 필요 없었고 오랫동안 햇빛에 말리지 않아도 되었다. 구운 점토 벽돌을 만들 때처럼 불가마에 장작을 잔뜩 넣고 불을 지펴서 구울 필요도 없었다. 흙은 어디서나 구할 수 있었으며, 흙 미장은 정말 간단했다. 인류가 동굴을 떠나 자신의 새로운 정착지에서 오두막을 짓기 위해 흙 미장을 사용해 온 이유이자 현재까지 흙 미장이 사라지지 않는 이유다. 시멘트조차 흙을 구워서 만든다는 것을 안다면, 전 세계 곳곳에서 가장 오랫동안 사용된 재료가 흙이라는 사실을 아무도 부정할 수 없을 것이다.

2

석회·석고,
도공과 화공의
유산

석회와 석고는 도자기를 만드는 과정에서 발견한 재료다. 석회와 석고는 도공의 미장 재료였다. 도공은 도자기를 만들기 위해 땅에서 파낸 흙에서 주재료인 점토와 일종의 불순물인 석고석, 석회석을 골라내야 했다. 점토 안에 석고석이나 석회석이 섞여 있으면 불가마 안에서 쉽게 부서지거나 가루가 되기 때문이다. 그러다 불가마에서 가루가 된 석고나 석회를 식혔다가 물과 섞으면 다시 빠르게 굳는다는 걸 우연히 발견했다. 석고는 20분 만에 굳기 시작하고, 석회는 그보다 천천히 굳지만 완전히 굳으면 석회암으로 되돌아가기 때문에 흙보다 단단해지는 특성을 갖고 있다. 석회는 바닷가의 조개껍질로도 만들수 있다. 조개껍질이나 굴 껍질을 불에 바싹 구운 다음 가루로 부셔서 물에 개어 바르면 석회 미장이 된다. 석고나 석회 미장은 도공의 오랜 경험과 지식이 쌓여 탄생한 미장법이다.

석회와 석고는 서민이 주로 사용하던 흙에 비해 다루기 어려운 재료였지만, 도공은 도자기를 만들던 섬세함과 신중함으로 고급스럽고 아름다운 미장법을 발전시켜 나갔다. 도공 출신의 미장 장인들은 석회나 석고를 가지고 마치 도자기처럼 아름다운 색상과 모양, 광택이 나는 미장벽을 만들려고 노력했다. 석회나 석고는 흔한 재료가 아니었고 조개나 석회석을 굽기 위해서는 많은 땔감이 필요했기 때문에 아무나 쓸 수 없는 비싼 재료였다. 따라서 주로 귀족이 사용했고, 석고나 석회 미장은 귀족 건축 문화의 일부로 발전했다. 현재는 재료를 공장에서 값싸게 양산하면서 서민도 쉽게 사용할 수 있다.

석회를 처음 사용한 증거는 1만 년 전으로 거슬러 올라간다. 터키 동부에 있는 7,000~1만 4,000년 전 융성했던 카제누(Cajenu) 지역 유적의 바닥은 석회 반죽으로 되어 있다. 기원전 7500년에 작은 도시를 이루고 있었던 터키의 차탈호위크(Çatalhöyük) 유적에서도 최초로 도시 문명과 미장을 결합한 흔적이 발견되었다. 당시 사람들이 흙 벽돌로 쌓은 집에 흙 미장을 하고 다시 석회 미장을 한 뒤, 여기에 프레스코(fresco) 기법으로 벽화를 그렸다는 사실을 알 수 있었다. 프레스코는 석회 미장이 마르기 전 석회를 담가두었던 강한 알칼리성의 맑은 석회수에 안료를 섞어 물감으로 벽화를 그리는 기법이다. 이렇게 그림을 그리면 수천 년 유지될 정도로 오래가는 장점이 있다. 당시 사람들은 벽에 사냥, 화산, 주변 지형 등을 그려 넣었다. 옛 유고슬라비아의 레펜스키 비르(Lepenski Vir) 유적에서 6,000년 전의 건물 바닥이 발굴되었는데 석회, 모래, 점토, 물을 혼합한 반죽으로 만들어져 있었다. 이렇게 석회와 흙을 섞어서 미장의 강도를 높이는 강화 미장법은 5,000년 전 티베트 쉐르시(Shersi) 피라미드의 건축에도 사용되었다.

기원전 3세기 이집트 고대 유적에서 놀라운 미장 흔적이 발견되었다. 기자 지역의 피라미드에서 부드러운 석고 미장과 석회 미장이 본격적으로 사용된 유적이 나왔는데, 특히 외부 미장에 석회 미장이 주로 사용되었다. 석회 미장이 비나 습기, 바람에 강하기 때문이다. 이곳에서는 석회 미장 위에 프레스코가 아닌 세코(secco) 기법으로 화려한 벽화를 그렸다. 세코는 석회 미장이 다 마르면 그 위에 석회와 안료, 물을 섞은 석회 물감으로 벽화를 그리는 기법이다. 이즈음 석고로 만드는 다양한 장식도 등장했다. 석고는 빨리 굳고 가벼워서 복잡한 형태로 만들기 좋은 재료이다. 그래서 석고로 만든 많은 이집트 유적(대표적으로 피라미드)이 현재까지 파손되지 않고 남아 있다. 당시 이집트에서 사용된 석회와 석고는 현대 산업기술로 생산하는 것과 비교해도 뒤지지 않을 정도로 품질이 좋다. 이집트 왕국이 석회와 석고를 정제하고 품질을 개선하기 위해 직접 제조 공장을 만들어 감독했을 거라고 학자들은 추정한다.

기원전 2세기 그리스 크레타섬에서 일어난 미노아 문명 역시 이집트의 위대한 건축으로부터 영향을 받았다. 크노소스와 파이스토스 궁전이 명백한 사례다. 하지만 미노아 사람들은 이집트와 다른 방식으로 실내 미장을 발전시켰다. 이집트 고대 건축이 틀에 박힌 상징을 세코 기법으로 그려서 내부 미장을 했다면, 크레타섬의 미노아 사람들은 화려한 색상을 사용하는 프레스코 기법을 발전시켰다. 예술가를 고용해 풍부한 색감의 석회 물감으로 즉흥적으로 빠르게 그림을 벽면에 그리게 했는데, 그 결과 유려하고 활력 넘치는 미적인 벽화들이 남았다. 이처럼 석회 미장은 오래전부터 벽화를 그려온 화공과 떼려야 뗄 수 없는 기술이다.

그리스 본토의 미케아 사람들은 미노아 문명을 이어받아 더욱 섬세하게 발전시켰다. 하지만 로마가 게르만족 용병에게 몰락된 후 중세 암흑시대가 시작된 것처럼 미케아 문명도 도리아족과 이오니아족의 수중에 넘어갔다. 중세 암흑시대에 버금가는 그리스 문명의 암흑시대가 도래했다. 이때 미케아 문명이 이룩한 상당한 건축 기술과 문화가 사라져버렸다. 미케아 문명의 몰락을 야만의 공격에 의한 문명의 몰락으로 보지 않고 다르게 평가할 수도 있다. 도리아족과 이오니아족의 문화는 미케아 문명에 비해 소박했고, 자연과 조화하는 신화적 영성으로 풍부했다. 그 영향으로 벽 미장법은 아주 소박해졌다. 도리아족과 이오니아족이 오랫동안 경쟁하다가 결합하면서 다시 문명이 발전하기 시작했다. 한편 그리스·로마를 중심으로 헬레네 문명이 탄생했는데, 석조 건축으로 잘 알려진 헬레네 문명에서도 벽 미장은 널리 사용되었다. 로마에 아직까지 남아 있는 고대 유적에서 석회 미장의 흔적을 찾아볼 수 있다. 이때 실내 벽화는 주로 프레스코 기법으로 그렸다.

기원전 1000년부터 그리스·이집트·로마뿐 아니라 남미 대륙의 잉카·마야, 아시아의 중국·인도와 같은 문명권에서도 건축에 석회가 널리 사용되었다는 증거가 발견되고 있다. 한반도에서는 고구려 고분 내벽에 두껍게 회를 바르고 벽화를 그렸다는 기록이 《삼국사기》에 남아 있다. 이미 삼국 시대 이전부터 석회를 건축에 사용한 것으로 짐작할 수 있는데, 발해의 수도였던 동경성의 옛 집터에 그 흔적이 있다. 백제에서 전래된 건축 기술로 지은 일본 나라현 동대사(東大寺) 삼월당의 기단 부위에도 석회를 사용한 흔적이 있는 것으로 보아 백제도 석회를 사용했다는 걸 알 수 있다.《세종실록지리지》와 같은 조선 시대 고문헌에도 생석회나 소석회의 제조법이 자세히 기록되어 있는데, 조선 시대에 와서는 흙 미장과 석회 미장, 석회·흙·모래를 혼합하는 강회, 회사벽 등 다양한 미장법이 개발되었다. 이 당시 석회나 석고는 서민이 넘보기 힘든 비싼 재료여서 궁궐이나 사찰이 아니면 사용이 금지되었다. 그러다 일제 시대 석회 공장과 석고 공장이 들어서면서 서민도 사용하게 되었다.

석회 미장이나 석고 미장은 도공에 의해 개발되었으며, 귀족의 저택과 왕궁에서 화공이 벽화를 그리며 발전된 실내 장식 기법에서 유래했다. 과거에 미장 기술은 소수 귀족이나 왕족에게 봉사하는 장인의 전유물이었다. 그러나 지금은 타데락트(tadelakt), 마모리노(marmorino), 스타코 베네치아노(stucco veneziano), 스그라피토(sgraffito), 스칼리올라(scagliola) 등 고급 광택 미장법이나 치장 미장법들이 대중적으로 사용되고 있다. 기술이 민주화된 결과다.

3

시멘트,
현대 건축의
주재료

　　　　　　　　로마에서 미장 기술은 놀랍게 발전했다. 현대
건축의 주재료인 시멘트 역시 로마에서 유래했다. 기원전 1세기 로마의
군사기술자였던 마르쿠스 비트루비우스 폴리오(Marcus Vitruvius Polio)는
건축 분야의 고전인《건축술에 대하여(De Architectura)》를 썼다. 이 책 제
II권 3장에 회반죽(stucco)과 시멘트 작업을 위한 모래, 석회, 포졸란
(pozzolan) 재료에 관한 기록이 남아 있다. 제VII권에는 본격적으로 회반
죽 준비, 바르는 방법, 프레스코 기법에 관한 내용이 있다. 이 기록에 따르
면, 로마는 그리스가 발견한 석고·석회 미장의 유산을 더욱 확장시켰다.

　　로마인은 석회나 흙 미장이 물속에서도 잘 견딜 수 있게 해주는 포졸
란 재료를 발견했다. 석회에 화산토, 구운 벽돌 가루, 도자기 가루를 모래
와 섞으면 더 견고해지고 내수성이 강해진다. 화산토, 벽돌 가루, 도자기

가루가 포졸란 재료다. 화산토는 화산에 의해 한 번 구워진 흙이며, 벽돌과 도자기는 구워서 만들기 때문에 가루 역시 구운 흙이라 할 수 있다. 이러한 포졸란 재료는 모래나 석회와 단단하게 결합하는 성질이 있다. 당시 로마 인근에는 화산이 많아서 화산재나 화산토를 쉽게 구할 수 있었다. 로마인은 화산토, 석회, 물을 혼합해 물속에서도 풀어지지 않고 암석처럼 단단하게 굳는 미장 반죽을 개발했다. 바로 이것이 현대 시멘트의 기원인 로만 시멘트다. 로만 시멘트는 로마의 도로나 항만을 건설할 때 사용되었는데, 물에 강할 뿐 아니라 일반 석회 미장에 비해 빨리 굳고 견고한 장점이 있다. 그 유명한 판테온 신전의 돔 역시 로만 시멘트를 사용해서 석재를 접착했다.

시멘트를 더욱 깊게 이해하기 위해서는 포졸란 재료에 대해 좀 더 알아둘 필요가 있다. 로마인이 사용한 화산토와 화산재에서 유래한 포졸란은 건축 유적에 사용된 석회 반죽에서 널리 발견되고 있다. 포졸란 재료를 석회 반죽에 혼합하면 강도가 높아지고 내수성을 갖는다. 미세한 포졸란 가루를 물과 섞으면 상온에서 수산화칼슘(물에 반응시킨 소석회)과 화학 반응해 시멘트 특성을 갖는 화합물로 바뀌는데 주성분은 실리카와 알루미늄이다. 많은 사람이 석회를, 물과 혼합하면 굳어지는 석고와 같은 수경성 재료로 오해한다. 석회는 공기 중의 이산화탄소와 결합해 암석화하는 기경성 재료다. 따라서 석회 미장은 굳는 데 오래 걸린다. 그런데 포졸란 재료와 석회를 혼합하면 물에서도 굳는 수경성 석회가 된다. 그 결과 일반적인 석회 반죽에 비해 훨씬 빠른 속도로 굳는다. 물에 자주 닿는 부분이나 외벽에 사용하기 적합하고, 공사 시간을 단축하고자 할 때 적합하다. 서리에 의한 손상도 막아준다. 최근 연구에 따르면, 포졸란 재료로 사용하는 점토 재료는 950도 이하에서 구워야 하며, 38~600미크론 (μ, 1mm의 1/1000) 크기의 입자로 가늘게 분쇄해야 한다. 현재 판매되는 포졸란 재료는 불량 벽돌이나 타일을 분쇄한 가루이거나, 진흙과 고령토를 구운 후 분쇄한 가루이다. 그 밖에 산업적으로 판매되는 다양한 포졸란 재료는 시멘트 제조 회사에서 구할 수 있다.

산업적인 방법이 아닌 수준에서 시도해 볼 수 있는 포졸란 재료와 다른 재료들의 배합 비율은 어떠한지 살펴보자. 로만 시멘트는 물에 반응시킨 소석회 2(생석회일 경우 1), 모래 1, 화산토 1 또는 모래 없이 소석회 2(생석회일 경우 1~2), 화산토 1/2을 섞는다. 영국 데번의 전통 주택에서는 특정 비율로 고정하지 않고 벽돌 가루를 다양한 비율로 석회 반죽과 혼합해 사용했다. 지역에 따라 배합 비율은 다르지만, 서리에 강한 미장을 위해서는 석회 1, 모래 2~3, 미세한 벽돌 가루를 최대 1까지 혼합해서 사용했다. 이와 같은 포졸란 재료들은 사용 직전에 혼합할 때 가장 성능이 좋다. 포졸란 재료를 혼합할 때는 충분히 수분을 머금게 해야 하며, 포졸란 재료와 섞은 석회 반죽은 자주 섞어주는 것이 좋다. 24시간 이상 지나면 굳어지므로 사용할 수 없다. 반죽 후 곧바로 사용하는 것이 좋다.

로만 시멘트가 발견된 뒤 석회 반죽에 다양한 포졸란 재료를 섞어서 성능을 개선하는 연구가 계속되었다. 이미 구워진 포졸란 재료를 섞는 게 아닌, 필요한 재료들을 석회와 함께 미리 섞은 다음 높은 화력으로 굽는 방식이 개발되었다. 그중 한 가지 방법은 점토, 석회석 혹은 백악(분필 성분)을 함께 구운 뒤 분쇄해서 분말로 만드는 것이다. 다른 방법은 물에 반응시킨 고칼슘 석회를 점토와 혼합해 말린 뒤 다시 구워서 석회로 만드는 것이다. 이 방법이 1824년에 발명된 포틀랜드 시멘트로 발전했다.

나무 재는 대표적인 포졸란 재료로, 천연 시멘트를 만들 때 사용한다.

포틀랜드 시멘트는 화산재 대신 인공적으로 생석회와 점토를 고온의 열
로 구운 다음 다시 가루로 만든 것이다. 포틀랜드 시멘트가 점점 발전해
서 석회, 실리카(모래), 알루미나와 산화철을 함유하는 흙을 적당한 비율
로 섞은 다음 고온으로 굽고, 여기에 다시 석고를 추가해서 가루로 만든
것이 현재 우리가 쓰는 시멘트다. 최근에는 제철 과정에서 나온 용광로
슬래그나 석탄 발전소에서 나온 석탄 찌꺼기도 사용한다. 하지만 석탄
찌꺼기에 포함된 황산 오염이 문제가 되고 있다.

생활 주변에서 쉽게 구할 수 있는 포졸란 재료인 나무 재나 왕겨 재를
사용한 전통 재 혼합 미장 방법은 일본, 아프리카 등 세계 곳곳에서 찾을
수 있다. 이러한 나무 재 사용 미장법은 재료를 굽지 않는 고강도 천연 시
멘트의 일종인 지오폴리머 시멘트(geopolymer cement)로 발전했다.

이처럼 현대 건축의 주재료인 각종 시멘트는 로마의 석회 미장 기술

에서 발전한 로만 시멘트에서 비롯되었으며, 그 핵심 재료는 포졸란이다. 그러나 로만 시멘트는 자연 속에서 구할 수 있는 화산토를 사용했고 그 이후에도 벽돌 공장이나 도자기 공장의 부산물을 사용한 반면, 현대 시멘트는 재료를 굽고 분쇄하는 데 막대한 에너지를 쓴다. 그뿐 아니라 재료를 굽는 연료나 혼합 재료로 다양한 산업 폐기물을 사용하기 때문에 환경에 큰 영향을 끼친다. 그래서 지금은 과거의 흙 미장, 석회 미장, 생활 속에서 얻을 수 있는 나무 재나 왕겨 재, 벽돌 공장에서 폐기된 벽돌 가루를 혼합하는 천연 시멘트 방식이 다시 주목받고 있다.

2부
자연 미장의 세계

1

자 연
미 장 의
매 력

　　자연 미장은 한마디로 '시멘트가 등장하기 이 전의 전통 미장'이다. 오랫동안 세계 각지에서 발전해 온 전통 흙 미장, 석 회 미장, 석고 미장을 아우르는 개념이다. 이들은 흙, 석회, 석고, 광물 안 료, 모래, 짚, 풀과 같은 자연 재료만을 섞은 반죽을 사용하는 미장이다.

　시멘트를 비롯하여 대다수 현대 미장재가 적지 않은 독성 물질을 포 함하고 있다. 스타코(stucco)나 핸디코트(handy coat)라 불리는 현대 미장 재에는 대개 화학합성수지 접착제와 다양한 첨가물이 들어 있다. 그중 화학합성수지 접착제는 휘발성유기화합물(VOCs)을 지속적으로 뿜어내 기 때문에 실내 공기를 오염시킨다. 각종 호흡기 질환, 피부 알레르기, 아 토피의 원인이 된다는 사실이 이미 여러 매체를 통해 알려졌다. 반면 자 연 미장에는 화학적으로 합성한 첨가물이나 독성 물질이 들어 있지 않다. 그리고 시멘트나 현대 미장재에 비해 많은 기공을 갖고 있어서 공기 중 오염 물질을 흡착하고 정화하는 능력이 있다. 탈취 기능이 있어 흙 미장을 한 집에서는 청국장 끓인 냄새가 오래 남지 않으며, 작은 기공들이 소음을 줄여주기도 한다.

자연 미장은 환경에 영향을 덜 끼치고 생산 과정에서 에너지를 적게 사용하는 이점이 있다. 시멘트는 고온으로 굽는 과정을 거치기 때문에 상당한 연료가 소비된다. 시멘트 생산 과정에서 발생하는 CO_2는 전체 발생량의 5% 정도를 차지한다고 알려져 있다. CO_2는 대표적인 온실가스다. 반면 흙 미장은 자연 상태의 흙을 사용하기 때문에 에너지 소비가 거의 없고 그만큼 CO_2 발생도 덜하다. 석회나 석고도 시멘트처럼 굽는 공정이 있지만 시멘트에 비해 CO_2 발생량이 상대적으로 적다. 게다가 석회는 공기 중 이산화탄소와 반응해서 굳는 기경성 물질이라서 공기 중 CO_2를 줄일 수 있다.

그뿐 아니다. 석회나 석고는 재사용이 가능하다. 쉽게 파쇄해서 가루로 만들 수 있고 다시 구워서 재사용할 수 있다. 석회는 농업용 토양 개량제로 사용할 수 있으며, 석고는 파쇄해서 흙으로 돌려보내도 환경에 큰 영향을 끼치지 않는다. 석고는 본래 토양 속에 널리 분포하고 있는 광물이기 때문이다. 물론 인산부산물석고나 배연탈황석고 등 자연이 아닌 산업 공정에서 발생한 부산물로 만든 석고는 라돈 발생량이 상대적으로 높다는 보고가 있으므로 주의해야 한다. 흙 미장은 파쇄하지 않고 폐기해도 자연스럽게 비바람을 맞으며 흙으로 돌아간다. 하지만 시멘트는 자연 상태로 쉽게 돌아가지 않고, 현재로선 파쇄해서 재활용 골재로 사용하는 게 최선이다. 특히 화학접착제가 포함된 현대 미장재는 아무렇게나 폐기해서는 안 되는 산업 폐기물이다.

흙 미장은 높은 조형성과 질감을 자랑한다. 흙은 반죽해서 별별 형태를 만들기 편하다. 미장할 때 벽에 음각, 양각으로 입체적 벽화를 새길 수도 있다. 그리고 석고는 다양한 모양의 틀에 부어 멋지게 실내 장식하기에 편리하다. 빨리 굳을 뿐 아니라 아주 가벼워서 유럽에서는 석고로 천장과 기둥을 장식했다.

자연 미장의 또 다른 매력은 비균질성과 우연성이다. 자연 미장한 벽에 빛을 비추면 미세한 굴곡 때문에 미묘하고 섬세한 그림자가 생긴다. 그림자는 빛의 각도에 따라 수시로 변한다. 자연 미장한 벽이 쉽게 질리지 않는 이유다. 그뿐 아니라 안료를 섞어 색채 미장을 해보면 기대치 않았던 색깔 효과가 나타난다. 장인의 수작업으로 미장하기 때문에 매번 고유하고 특별한 결과가 만들어진다. 수작업으로 우연하게 나타나는 효과는 뭐라 표현하기 어려운 미묘한 아름다움을 만들어낸다.

다른 무엇보다 자연 미장의 가장 큰 장점은 초보라도 쉽게 배울 수 있는 로우테크(low tech)란 점이다. 세계적으로 아직까지 주택의 1/3은 흙으로 지어졌다. 이 집들 가운데 대다수가 미장 기술을 전수받은 연장자나 장인의 지도로 가족이나 이웃, 공동체에 의해 미장이 이루어졌다. 자연 미장은 초보자도 배우기 어렵지 않고 기술 구성이 간단하다. 물론 수십 년 미장을 해온 장인의 솜씨를 단시간에 따라잡을 수는 없다. 고급 기법을 사용하거나 응용을 해야 하는 경우에도 쉽지 않다. 그렇지만 초보자도 장인의 정확한 지도가 있다면 맨손이나 간단한 흙손으로 해볼 수 있으며, 자신의 취향에 따라 만족할 만한 결과를 얻을 수 있다. 자연 미장은 엄청나게 비싸지도 않고 거창한 시공 장비도 필요 없다. 자연 미장은 간단한 손도구로도 가능해서 남녀노소 누구나 참여하는 미장 워크숍이 세계 곳곳에서 개최되고 있다. 지역의 마을 공동체 구성원이 함께 참여해서 익히고 시도해 보며 미장 과정을 즐길 수 있다.

2

자 연
미 장
재 료

미장과 요리 중 무엇이 더 어려울까? 요리는 많은 식재료·조미료·첨가제, 끓이고 굽고 튀기고 삭히는 다양한 조리법을 생각하면 어지러울 정도다. 게다가 그 많은 식재료의 궁합까지 생각하며 맛, 향, 색, 식감을 구현해야 한다. 미장은 세계 곳곳 장인들의 수많은 작업과 경험이 켜켜이 쌓여 만들어진 결과이다. 한동안 시멘트에 밀려 잊혔다가 지난 30여 년 동안의 녹색건축운동에 힘입어 다양한 전통 미장 기술이 속속 복원되었다. 미장 기술을 복원하고 발전시키기 위한 실험은 요리사가 최상의 레시피를 찾아가는 과정과 흡사하다. 인도의 흙건축 단체인 메이드인어스(Made in Earth)는 어릴 적 흙을 가지고 놀던 소꿉장난의 느낌과 레시피를 찾아가는 요리 과정 같은 미장의 특성을 반영해 자신들의 흙 미장 워크숍 제목을 '점토주방(The Earth Kitchen)'이라고 붙였다.

보통 흙 미장이라면 단지 흙을 물에 개어 바르는 것이라 생각하기 쉽다. 그러나 점토주방에서는 흙과 물 말고도 다양한 재료를 사용한다. 요리처럼 재료의 혼합 비율에 따라 미장의 결과가 달라진다. 미장 반죽을 바르는 바탕이 내부냐 외부냐에 따라서 사용하는 재료와 작업법이 다르다. 미장 단계에 따라서도 재료의 크기가 바뀐다. 요리가 그러하듯 제대로 미장하기 위해서는 무엇보다 재료의 특성을 이해해야 한다.

자연 미장에서 가장 자주 사용하는 재료는 당연히 흙과 물이다. 흙과 물만 섞은 흙 반죽으로 미장할 수 있다. 그다음 재료는 볏짚, 모래, 풀이다. 흙 미장을 강화하거나 특별한 성능을 더하기 위해 석회, 석고를 추가하고, 색을 내기 위해 안료를, 발수성을 높이기 위해 아마인유를 넣기도 한다. 그 외에 작업성을 좋게 하기 위해 다양한 광물을 혼합한다.

흙

우선 흙부터 살펴보자. 흙은 미장의 기본 바탕 재료이면서 안료와 접착제 역할도 한다. 자연이 준 가장 효용성이 넓은 재료이다. 흙은 어떤 물질일까? 이것은 올바른 질문이 아니다. 흙은 단일 물질이 아니기 때문이다. 흙은 다양한 입자를 가진 구성물들의 혼합이다. 입자 직경으로 보면 20mm 이상인 자갈, 2.0~0.25mm인 거친 모래, 0.25~0.05mm인 미세 모래, 0.05~0.005mm인 미사(微砂), 0.005mm 이하인 점토(粘土), 0.001mm 이하인 콜로이드(입자가 분산되어 마치 액체와 같은 상태)를 포함하고 있다.

흙 속에는 콜로이드 상태의 점토가 혼합되어 있는데 각 지역마다 그 구성 비율이 다르고, 당연히 흙의 특성도 다르다. 흙의 성분 가운데 점토는 미장 재료들을 서로 결합할 뿐 아니라 벽면에 붙이는 접착제 역할을 한다. 점토가 많으면 점성이 높아지지만 마르면서 최대 23% 정도 수축이 일어난다. 그 결과 미장 면에 균열이 생기거나 마르면서 말려 올라가 떨어지는 문제가 발생한다. 반면 흙 속에 자갈이나 모래가 많으면 단단하고 균열이 적은 미장 면을 만들 수 있다.

지역마다 흙의 색깔도 다르다. 많이 오해하듯, 꼭 황토만 미장에 사용할 수 있는 것은 아니다. 우리나라에서는 황토, 적토를 가장 많이 볼 수 있다. 하지만 백토, 흑토, 회토, 녹토 말고도 노란색, 분홍색, 보라색, 청색 흙이 있다. 세계 곳곳에는 다양한 색깔을 가진 흙이 있는데, 어떤 색 흙을 사용하느냐에 따라 미장 벽면의 색도 달라진다. 흙 자체로 안료인 셈이다.

다양한 흙의 색상만큼 특성도 제각각이다. 진흙은 점성이 높고 찰지지만, 마사토는 점성이 낮고 모래가 많이 섞여 있다. 경주 감포, 양북, 양남, 포항 영일, 울산 정자에서 나오는 벤토나이트 계열의 흙은 다른 흙과 달리 물과 혼합하면 크게 팽창하는 특성이 있다. 흙도 흙 나름이다.

미장에서 흙을 사용할 때 또 하나 잊지 말아야 할 것은 미장 재료로 표토, 즉 겉흙을 사용하지 않는다는 점이다. 표토에는 나뭇가지, 여러 가지 양분, 미생물 등 다양한 유기물이 섞여 있기 때문이다. 보통 지표면에서 30cm 이상 판 뒤 나오는 깊은 흙, 보통 '속흙'이라 부르는 흙을 미장 재료로 사용해야 한다.

자갈, 모래

흙 속에는 다양한 암석과 광물의 작은 조각들이 들어 있다. 크기에 따라 자갈, 모래, 미사로 구분하는데, 이산화규소(SiO_2)와 탄산칼슘($CaCO_3$)이 주성분이다. 자갈과 모래는 물과 혼합해도 마를 때 부피 변화가 없다. 재료가 단단하기 때문에 미장 반죽에 자갈이나 모래를 많이 넣으면 벽체가 단단하고 견고해진다. 미장 면의 균열도 줄어든다. 물론 흙 속에는 미세한 자갈, 모래, 미사가 이미 섞여 있지만 충분치 않다. 흙만 바르면 균열이 심하게 일어나기 때문에 모래를 추가해야 한다. 모래와 자갈은 과도한 수축을 일으키는 흙 속의 점토 비율을 줄여준다.

대략 흙 1 : 모래 1.7~2로 섞어주면 균열을 막을 수 있지만, 흙에 따라 조금씩 다르다. 혼합에 있어 절대적인 비율은 없다. 본격적으로 흙 미장을 하기 전 다양한 비율로 흙과 모래를 섞어 실험해 봐야 한다. 모래를 많이 넣는다고 무조건 좋은 것도 아니다. 모래 함량이 너무 많으면 미장 반죽의 점성이 떨어져서 부슬거린다. 특히 외벽의 경우 모래가 많으면 빗물에 씻겨나가기 쉽다. 외벽 미장할 때, 특히 마감 미장할 때는 가능하면 내부 미장에 비해 모래 함량을 과감히 줄이거나 넣지 말아야 한다.

어떤 자갈과 모래를 넣느냐에 따라 미장 면의 표면 느낌이 바뀐다. 모래나 자갈은 색상과 크기가 다른데, 특히 모래 입자의 크기(입도)는 미장에서 아주 중요하다. 모래 입도는 미장 두께에 상당한 영향을 끼친다. 고운 모래를 쓰면 미장이 얇고 곱다. 굵은 모래를 쓰면 미장이 두껍고 거칠다. 대개 미장은 초벌, 재벌(중벌), 정벌(마감) 이렇게 세 번에 걸쳐서 하는데 정벌 쪽으로 갈수록 모래를 더 고운 채에 쳐서 미세한 것을 사용한다. 요즘에는 입도에 따라 구분해 놓은 실리카 모래를 판매하고 있다. 이런 모래 제품은 비싸기 때문에 보통 고운 마감 미장을 할 때만 사용한다. 참고로 바다 모래(해사)는 소금기가 많으므로 반드시 세척해서 써야 한다.

짚

옛날에도 벽체 미장할 때 지금처럼 모래를 쉽게 사용할 수 있었을까? 아니다. 옛날에는 모래보다 볏짚, 보릿짚, 밀짚, 동물 털을 더 많이 사용했다. 운송수단이 발달하지 않았기 때문에 강가나 바닷가에서 모래를 퍼서 건축 현장까지 가져오기가 어려웠다. 자연스럽게 모래 대신 볏짚과 같은 식물 섬유를 흙 반죽에 잔뜩 넣어서 균열을 줄이고자 했다. 미장 반죽 속의 긴 섬유가 흙 미장의 수축하려는 힘을 상쇄하기 때문에 균열이 줄어든다. 게다가 농경사회에서 짚은 쉽게 구할 수 있고 흙이나 모래에 비해 옮기기 쉬운 재료였다. 짚을 많이 사용하면 미장 반죽에 들어가는 흙의 양을 줄일 수 있다는 이점도 있다. 다만 너무 많이 들어가면 미장 강도가 낮아지는 단점이 있다.

미장에 들어가는 섬유재로 볏짚 대신 밀짚, 갈대, 부들의 줄기나 마른 잔디를 잘게 잘라서 첨가하기도 한다. 보리나 밀의 알곡 겉껍질에 있는 뾰족하고 긴 까락을 짚 대신 사용한 사례도 있다. 삼 섬유, 바나나 나무껍질로 만든 바나나 섬유, 종려나무 겉껍질 섬유 등을 흙 미장에 넣을 수도 있다. 요즘엔 나일론 실로 만든 나이콘 파이버, 천연 섬유로 만든 지콘 파이버, 나무껍질 섬유로 만든 것 등 볏짚을 대신할 수 있는 다양한 섬유 제품이 판매되고 있다.

잘 알려져 있지 않은 볏짚의 역할이 또 있다. 흙, 볏짚, 물을 혼합해서 수개월에서 1년 정도 발효시켜 사용하는 발효 흙 볏짚 미장법이다. 흙과 볏짚을 발효시켜 사용하면 볏짚이 부드러워지고 미장 강도가 높아진다. 볏짚 속의 규사와 셀룰로오스, 리그닌 성분이 빠져나와 점성과 발수성을 높여주고 균열을 줄여준다. 도시에서는 오랫동안 발효시키기 어렵기 때문에 볏짚을 며칠 동안 물이나 묽게 푼 밀가루 물에 담가두었다가 사용한다. EM 효소를 투입하거나, 효모균이 살아 있는 생막걸리를 섞어서 발효를 촉진하기도 한다. 이것이 자연 발효보다 효과적인 것으로 알려져 있다. 볏짚을 끓인 물로 볏짚과 흙을 혼합해도 비슷한 효과가 나타난다. 끓이는 과정에서 규사와 셀룰로오스 성분이 빠져나오기 때문이다. 셀룰로오스는 식물이나 풀에서 추출할 수 있는 식물계 천연 접착 성분이다.

볏짚은 보통 엄지손가락 길이로 잘라서 쓰지만, 생볏짚은 너무 거칠고 드세서 미장을 하면 자꾸 삐져나온다. 그래서 앞에서 이야기했듯이 발효시켜 숨을 죽이거나, 자른 볏짚을 드럼통에 넣고 농업용 예취기나 잔가지 파쇄기를 이용해서 가늘게 부셔서 쓴다. 심지어 이걸 다시 고추 파쇄기에 눌러서 쓰거나, 채에 쳐서 고운 것만 골라 쓰는 경우도 있다. 볏짚 역시 얼마나 넣느냐, 어떤 굵기의 것을 넣느냐에 따라 미장 면의 질감이나 느낌이 달라진다.

볏짚을 구하기 어려울 때는 밀짚, 보릿짚, 마른 잔디, 보리 까락, 밀 까락, 마 섬유, 동물 털로 대체할 수 있다. 자연 재료를 구하기 힘들 때에는 제품으로 판매되는 친수성 나이콘 파이버, 삼 섬유로 만든 지콘 파이버, 마분지나 휴지를 물에 푼 종이 섬유, 기타 목질계 섬유를 사용할 수 있다. 이렇게 제품으로 나온 섬유재들은 아이러니하게도 시멘트를 만드는 기업에서 시멘트 첨가 재료로 생산하고 있다. 흙 미장에 섞을 수 있는 바나나 섬유는 클레이맥스라는 기업에서 판매하고 있다.

풀

만리장성의 벽돌을 찹쌀 풀로 붙였다는 말이 사실일까? 찹쌀 풀만 사용한 것은 아니고 석회 반죽에 찹쌀 풀을 섞어서 사용했다. 흙 미장에 종종 풀을 섞는데 농업이 발달한 곳에서는 찹쌀 풀이나 밀가루 풀, 바닷가에서는 해초 풀이나 생선 부레로 만든 아교, 산악 지대에서는 느릅나무 풀과 같은 나무껍질 우린 풀, 낙농업이 발달한 곳에서는 우유나 치즈의 부산물로 만든 카세인 풀이나 동물 가죽으로 만든 아교를 사용했다. 때때로 아프리카와 아시아에서는 흙 미장에 소똥을 첨가하기도 했다. 소똥에는 단백질 접착 성분인 카세인과 아직 채 소화되지 않은 식물성 섬유가 들어 있기 때문이다.

흙 미장에 풀을 섞는 까닭이 미장 반죽의 접착성 때문만은 아니다. 풀은 미장 반죽의 보수성과 작업성을 높인다. 보수성은 미장 반죽이 너무 빨리 마르지 않게 수분을 가둬두는 특성이다. 미장이 너무 빠르게 마르면 균열이 생기기 때문에 천천히 마르는 게 좋은데, 풀을 미장 반죽에 섞으면 풀기가 물 분자를 감싸서 천천히 마른다. 풀은 건축 현장에서 작업성을 높여주는 역할도 한다. 풀을 섞으면 미장 반죽을 흙손으로 바를 때 잘 미끄러져서 부드럽고 쉽게 바를 수 있다.

실내 미장을 한다면 미장 반죽에 풀을 넣는 것이 좋다. 흙 미장은 아무리 잘 마른다 해도 먼지가 나거나 부스러질 수 있는데, 풀을 넣으면 이것을 방지할 수 있다. 그렇다고 점도를 높이기 위해 풀을 너무 되게 쒀서 넣으면 수축률이 커져서 도리어 균열이 발생하거나 미장이 마르면서 벽에서 떨어지는 원인이 된다. 잊지 말아야 할 또 하나는 외벽 미장에는 풀을 섞지 않는다는 점이다. 비에 자주 노출되면 풀이 풀어져 흙 미장과 함께 흘러내릴 수 있다.

석회

흙 미장의 단점은 무엇일까? 물에 약하다는 점이다. 흙집은 처마를 길게 내서 흙벽이 가능하면 비에 젖지 않게 해야 한다. 때론 흙 미장이 빗물에 잘 견딜 수 있도록 석회를 추가한다. 석회, 흙, 모래를 혼합하면 흙 속의 실리카와 알루미나 성분이 석회와 반응하는 포졸란 반응이 일어나는데, 미장 면이 시멘트처럼 단단해지고 발수성이 생긴다. 미장 반죽을 바르고 나서 물기가 살짝 빠졌을 때 쇠 흙손으로 반들반들하게 문질러주면 더욱 발수성이 높아진다. 완전 방수는 아니지만 빗물이 쉽게 흡수되지 않도록 미장 면을 만들어준다. 흙 없이 석회, 물, 섬유재, 모래 등을 섞어서 석회 미장을 할 수도 있다.

석고

석고를 흙 반죽에 넣으면 빨리 굳는 성질이 생긴다. 석고는 물과 반응해서 팽창했다가 5% 정도 수축하는 성질을 갖고 있다. 흙은 수축률이 23%나 된다. 따라서 흙에 석고를 넣으면 수축과 그로 인한 균열을 줄일 수 있다. 종종 균열을 줄이기 위해 모래를 혼합하는데, 모래의 양을 줄이고 석고를 넣으면 그만큼 미장 반죽이 가벼워진다. 게다가 조형성이 좋아져서 여러 가지 형상을 만들기에 적합하다. 흙만 사용했을 때보다 점성도 높아진다. 이런 여러 장점 때문에 석고 미장이나 석고를 혼합한 흙 미장은 주로 천장 장식을 만들거나 서까래 사이를 바를 때 사용한다.

석고는 수분을 흡수하기 때문에 외부에는 사용하지 않는다. 그리고 석고 함량이 많을수록 미장 강도가 약해진다. 석고를 섞으면 미장 반죽이 너무 빨리 굳는 것도 단점이다. 한꺼번에 너무 많은 반죽을 만들어놓으면 낭패다. 그때그때 조금씩 섞어서 사용해야 한다. 석고를 사용할 때 풀을 섞으면 굳는 시간을 연장할 수 있다. 이탈리아에서는 석고 미장이 꽤 발달했는데 실내 장식을 만들 때 사용한다. 안료와 섞어서 인조 대리석을 만드는 스칼리올라라는 미장법도 있다.

아마인유

흙 미장의 강도나 발수성을 높이기 위해 아마인유, 포도씨유, 해바라기씨유, 동유 등 기경성 기름을 미량 넣는다. 기경성 기름이 공기와 접촉해서 딱딱해지고 도막을 형성하는 성질을 이용한 것이다. 기경성 기름이 흙 미장의 미세한 기공을 막아주기 때문에 습기 침투가 어렵다. 또한 기

아마 씨에서 추출한 아마인유

름 도막이 굳으면서 흙 입자들을 서로 단단하게 잡아주기 때문에 미장 면의 강도와 내마모성이 높아져 쉽게 긁히지 않는다.

그리고 기경성 기름을 흙 미장에 혼합하면 미장 면의 유연성이 높아진다. 미세한 진동이나 충격에 쉽게 깨지지 않으며 온도 변화에 따른 신축에 유연하게 반응한다. 또 반죽을 벽에 바를 때 흙손이 잘 미끄러진다. 모래 입자나 흙 입자의 응결을 약화시켜 미장이 겹쳐 쌓이지 않고 작업성이 좋아진다. 기름을 아주 조금만 넣어도 물 넣는 양을 줄일 수 있다.

단점이라면 넣는 기름의 종류에 따라 미장색이 어두워지거나 칙칙해질 수 있다. 화방에서 구할 수 있는 유화용 아마인유는 정제된 것으로 매우 비싸다. 반면 화공약품상에서 구매하는 아마인유는 저렴하지만 대량구매해야 하므로 역시 비용 부담이 있다. 대신 마트에서 쉽게 기경성 식물기름인 해바라기씨유, 포도씨유를 구할 수 있다. 콩기름은 반건성유이므로 겉에 바르는 것이 아니라면 반죽과 함께 사용하지 않는다. 흙 미장 반죽에 넣는 아마인유는 보통 플라스틱 말통 분량의 흙 미장 반죽에 1~2 수저 이상 넣지 않는다. 기름을 너무 많이 넣으면 점성을 약화시키고, 벽 미장의 기공을 지나치게 막아 공기 중 불순물을 흡착하여 공기를 정화하는 성능을 낮춘다.

재료의 크기

이상으로 흙 미장에 사용하는 재료들을 소개했다. 미장 재료와 관련해 풀과 기름을 제외하고 동일하게 적용하는 규칙이 있다. 마무리로 갈수록 재료의 입자 크기가 작아야 한다. 미장 두께를 얇게 하려면 흙, 모래, 심지어 볏짚도 채에 곱게 쳐서 사용해야 한다. 마감 미장, 즉 마무리 때에는 대개 모래나 볏짚을 섞지 않는다. 마감 미장은 0.5mm 이하로 최대한 얇게 발라야 균열을 줄일 수 있는데, 그러려면 흙 입자가 밀가루처럼 고와야 한다. 이때 사용하는 흙이 미분토다. 사실 마무리 미장은 페인트에 가깝다. 마감 미장에 모래를 넣는 경우라도 함량이 적어야 하고 밀가루처럼 아주 고운 모래를 사용해야 한다. 볏짚도 마감 미장에 사용할 경우엔 잘게 자른 뒤 다시 고운 채에 걸러서 사용한다. 일본에서는 이렇게 만든 볏짚을 미장 재료로 따로 포장해서 판매한다.

흙 미장에 들어가는 재료에는 흙, 모래, 자갈이나 볏짚과 같은 다양한 섬유재, 풀, 기름, 석회, 석고 외에도, 색을 내기 위한 안료, 소금, 대리석 가루, 곤충의 점액이나 식물성 점액, 나무 재, 설탕, 약초 등 아주 많다. 전 세계의 미장 장인들은 아주 오랜 경험을 바탕으로 이러한 재료들을 적절하게 배합해서 사용하고 있다. 흙 미장을 할 때는 재료의 특성을 충분히 이해해야 한다. 재료를 알아야 다양하게 혼합해 보면서 개성 있는 미장 작업을 할 수 있다. 이러한 점에서 미장과 요리는 다르지 않다.

3

세 계 의
미 장
장 인

요즘 미장 장인이 되고 싶은 청년이 있을까? 아마 드물 것이다. 폼 나는 일이 아니며, 그저 거친 막노동이라 여기는 선입견이 팽배하다. 세계의 미장 장인들이 멋진 직업의 신세계를 열어가며 사회에서 인정받고 있다는 사실을 알게 된다면 생각이 달라질까? 이런 소망으로 세계의 미장 장인들을 소개한다.

슈헤이 하사도

미장이 예술이 될 수 있을까? 미장의 역사를 살펴보면 미장은 벽화 전통과 닿아 있다. 하지만 요즘은 미장을 벽에 시멘트를 바르는 단순 막노동이라 생각하는 이들이 많다. 슈헤이 하사도(挾土秀平)는 미장과 미장 장인에 대한 인식을 완전히 바꿔놓았다. 그는 1920년 일본 중부의 다카야마

슈헤이 하사도와 그의 미장 작품

시에서 태어나 18세부터 아버지에게 미장 장인 훈련을 받았다. 30대 중반이었던 1983년 일본기능올림픽전국대회 미장 부문에서 우승하면서 흙을 다루는 장인의 꿈을 갖게 되었다. 흙이 너무 아름답게 느껴졌기 때문이라고 한다.

그는 다카야마 지역의 흙, 모래, 볏짚을 혼합해서 다양한 실험을 시작했다. 사실 전통 미장은 많은 시간과 노력이 필요하기 때문에 일본의 현대 건물에는 거의 사용되지 않았다. 슈헤이는 자연에서 영감을 얻어 천연 재료로 다양한 예술적 미장을 실험했다. 그 결과 전통 기술을 넘어 현대 건축에도 적용할 수 있는 자신만의 독특한 미장 방식을 만들어냈다. 이전과 완전히 다른, 그림 같은 미장 작업으로 일본 미장계는 물론 건축계, 예술계에 큰 반향을 일으켰다.

슈헤이 하사도는 강인하면서 섬세하고 낭만이 깃든 복잡한 특성을 갖는 미장 작품을 전통에 얽매이지 않고 과감하게 현대 건축에 적용했다. 그는 일몰, 달, 눈, 바람, 나무 등 자연에서 영감을 얻어 미장 작업을 하는 것으로 유명하다. 그가 미장한 벽은 마치 한 폭의 그림, 한 편의 시 같다. 그는 점차 이름을 얻어 유명 대중음식점, 상점, 호텔, 주택, 카페, 심지어 방송국이나 영화 스튜디오 세트장에 예술로 승화한 미장 벽을 시공했다. 크지 않은 그의 미장 벽체 작품이 1,000만 원이 넘는 걸 보면 건축 기술 그 이상의 예술로 평가받고 있음을 알 수 있다. 슈헤이 하사도는 현재 국보급 미장 장인이자 예술가로 인정받고 있으며, 수차례 미장 전시회를 열기도 했다.

슈헤이 하사도는 자신의 미장을 "물이 남기는 흔적"이라고 표현했다. 흙, 모래, 볏짚을 물과 혼합해서 발라본 사람이라면 그 느낌을 알 수 있을 것이다. 미장 재료들이 물과 적절히 혼합되어 물 위에 살짝 뜬 채 발라지는 느낌을 표현한 것인데, 나는 미장을 시작한 지 14년이 지난 이제야 그 느낌을 조금 알 것 같다.

쿠스미 나오키

슈헤이 하사도의 10년 후배쯤 되는 젊은 미장 장인 쿠스미 나오키(久住有生)가 세계적으로 주목받고 있다. 1972년 일본 아와지섬에서 태어난 그는 전통 미장 장인 집안의 3대 장인이다. 3살 때부터 미장을 배우기 시작했으며, 18살 때 아버지를 따라 간 유럽 여행에서 안토니오 가우디(Antonio Gaudi)의 건축물에 크게 감명받았다고 한다. 건축물 벽체를 치장한 미장 예술을 보고 자신도 미장 마스터가 되기로 결심한다. 그리고 1995년 23살에 자신의 회사를 설립했다. 아버지 밑에 있다가는 아무래도 젊은 감각을 마음대로 펼칠 수 없겠단 생각에서였다. 그는 일본에서도 활동하지만 독일, 프랑스, 최근에는 싱가포르까지 진출해 해외 프로젝트 경험을 쌓고 있다.

그는 미장 작업에 전통 일본 미장 기법과 자기만의 방식을 결합했다. 슈헤이 하사도의 작품이 회화라면 쿠스미 나오키의 작품은 조소 같다고 할까? 조각품처럼 미장한다. 그는 전통 기법에도 조회가 깊어서 일본의 전통 문화재인 교토의 금각사를 비롯해 중요 문화재와 국보를 복원하는 프로젝트에도 참여했다. 이 외에도 상업, 교육, 주거용 건축물의 실내 및 외장을 포함하는 많은 현대 건축에 실험성 높은 미장 작업을 계속하고

쿠스미 나오키. 그의 작품은 마치 조각품 같다.

있다. 쿠스미 나오키는 주로 지역 문화와 자연에서 얻은 영감을 조화롭게 통합하는 디자인으로 정평이 나 있다.

일본에서 슈헤이 하사도나 쿠스미 나오키 같은 미장 장인과 젊은 신진 장인들이 계속 배출되는 데는 이유가 있다. 일본의 선배 미장 장인들이 늙어가면서 오랜 기술이 사라지는 데 대해 문제의식을 갖고 대안을 만들어왔기 때문이다. 각 지역의 미장 조합들이 잊혀가는 기술과 일거리를 환기시키고 전수하기 위한 노력을 계속해 왔다. 초·중·고등학교 학생들과 청년, 일반인을 위한 미장 워크숍과 강좌를 개설하는 등 미장 교육에 주력했다. 일본미장협회는 매년 전국적인 미장 축제를 열어서 미장을 대중적으로 알리는 계기를 만들고 있다.

스테프 킬샤

스테프 킬샤(Steph Kilshaw)는 10년 전만 해도 영국 리버풀이 있는 머지사이드주에서 일하는 유일한 여성 장인이었다. 한국과 마찬가지로 영국에서도 건축 현장에서 여성은 대개 허드렛일을 하거나 보조 역할을 해왔다. 영국에서 기능이 필요한 수작업 분야에서 일하는 여성의 비율이 2% 이하라는 점은 이러한 차별을 분명하게 보여준다. 하지만 그녀는 새로운 역사를 썼다.

스테프 킬샤는 2010년 리버풀에 '분홍미장공(The Pink Plasterer)'이라는 회사를 차려 지금까지 지속하고 있을 뿐 아니라, 8명 이상의 일자리를 만들어냈다. 그녀는 미장 회사를 차린 그다음 해 10월에 결혼했고, 2012년엔 미장을 가르칠 수 있는 지도자 자격증을 취득했다.

그녀는 여성 창업을 돕는 단체의 직업 프로그램에 참여하면서 미장을

스테프 킬샤. 엄마이며 동시에 지도자급 중견 미장 장인이다.

시작했다. 미장은 사업을 시작할 때 큰 자본이 들지 않는다. 작은 차와 몇 가지 도구만 있으면 가능하다. 중요한 점은 숙련된 기능이다. 그녀는 지금 여성 단체들에 조언하고 학교에 가서 청소년들에게 미장 장인으로서 직업 세계를 소개한다. 그녀는 "여성이 현장의 장인으로 일하는 게 생각만큼 무섭지 않으니 두려워하지 말라"고 말한다.

분홍미장공 회사가 처음으로 미장 시공을 한 곳은 광산촌의 각종 복잡한 행정 규제에 묶인 2등급 건물이었다. 건축물 보존을 주장하는 사람들과 함께 협의하고 연구해야만 하는 작업이었다. 그녀는 탁월한 소통 능력과 미장 기술로 첫 시공에서 그 어려운 작업을 해냈고 자신감을 갖게 되었다. 이제는 근대 유산 건축물 수리와 관련한 작업의 중재협의회

일원이 되었고, 방송국의 주택 재생 작업에 참여할 정도로 인정받았다. 벽화와 미장에 전문성을 갖춘 소녀도 분홍미장공의 새로운 직원으로 합류했다. 다른 지역 여성들과 연계하거나 화가들과 협력해 더욱 폭넓은 예술 미장도 해나가고 있다. 그녀는 사업이 성공적이라 말할 수 없다고 겸손하게 말하지만 지금까지 10년 정도 미장 사업을 계속해 온 것만으로도 대단하다. 장인으로서 일을 지속한다는 것 그 자체로 존경받을 일이다.

사실 미장 작업은 섬세한 감각이 필요하다. 남성만의 일이라 할 수 없다. 이미 유럽과 북미에서 적지 않은 여성들이 스테프 킬샤처럼 미장 분야에 뛰어들어서 지도자급 미장 장인이 되고 있다.

나오미 한머와 제시카 볼

톰보이 플라스터링(Tomboy Plastering Ltd.)은 영국 맨체스터에 본사를 둔 여성 미장 회사다. 이 회사는 나오미 한머(Naomi Hanmer)가 2012년에 세웠다. 아버지 밑에서 몇 년간 미장 작업을 하면서 수련한 뒤 설립했다. 톰보이 미장의 동업자는 제시카 볼(Jessica Ball)이다. 예술에 대한 열정이 있던 그녀는 미장에 매료되었다. 리버풀의 스테프 킬샤 밑에서 미장일을 배운 뒤 독립해서 일하다가 2014년에 나오미를 만났다. 처음에는 각자 맡은 현장 일을 한 1년 동안 서로 돕다가 거의 매번 함께 일하게 되면서 두 회사를 합쳤다. 이제는 건축물 재생, 벽돌 건물 개조, 여름철 벽체 보수까지 다양한 분야의 미장일을 하고 있다.

둘의 목표는 톰보이 플라스터링을 중견 여성 미장 회사로 성장시키는 것이다. 가끔 현장에서 여성 차별로 어려움을 겪기도 하지만, 오히려 여성이기 때문에 여성 작업자들을 편하게 생각하는 고객을 만날 수 있었

미장을 하고 있는 제시카 볼

다. 이제 영국 미장 분야에서 여성이 차지하고 있는 비중이 6%로 증가했다. 여성 장인에 대한 부정적 인식도 사라지고 있다. 이들 역시 학교에 나가 학생들에게 미장일이 훌륭한 직업이자 행복한 삶을 살게 한다는 점을 알리고 있다.

11명의 장인과 미술가의 대화

2012년 일본의 (주)파오에서 《미장회담-11명의 장인과 미술가의 대화를 출판했다. 2010년 3~10월에 히가시나카노의 파오 카라반 사라이(Pao Caravan Sarai)라는 아프가니스탄 요리점에서 '미장 작업-물렁한 호기심'이라는 8회 연속 강좌가 개최되었는데, 이 강좌를 엮은 것이 이 책이다. 미술가 기무라 겐이치(木村謙一)가 미장 제일선에서 활약 중인 장인들과

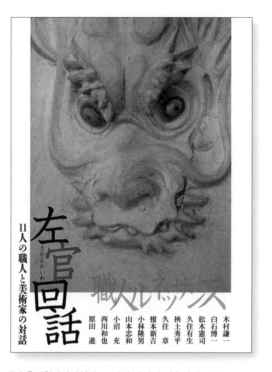

左官回話

さかんかいわ

11人の職人と美術家の対話

木村謙一
白石博一
松木憲司
久住有生
挾土秀平
久住　章
榎本新吉
小林隆男
山本忠和
小沼　充
西川和也
原田　進

職人ブックス

(주)파오에서 출간한 《미장회담-11명의 장인과 미술가의 대화》

함께 미장의 현재와 미래를 열띠게 토론한 대담집이다.

　책 뒤에는 젊은 장인을 위한 용어 해설이 있다. 매 쪽 하단에는 전문 잡지의 편집장이자 미장과 전통 토벽에 관한 몇 권의 책을 써 "풍토의 시인"이라 불리는 코바야시 스미오(小林澄夫)의 토벽 사진 333점이 실려 있다. 이 사진들은 코바야시 스미오가 25년 동안 여행하며 찍은 것이다.

　대담 진행자이자 저자인 기무라 겐이치는 후쿠오카현 출생으로 타마 미술대학 미술학부 회화과를 졸업한 공간조형 작가다. 흙과 미장 표현을 중심으로 공원, 광장, 매장의 인테리어를 설계·시공하고 있다. 3년

마다 니가타현에서 개최되는 대지의 예술제(大地の芸術祭) 참여 작가이
기도 하다.

이 책에 등장하는 미장 장인은 모두 11명으로, 유명 미장 장인인 쿠스
미 나오키, 슈헤이 하사도, 코누마 미츠루(小沼充) 등 지도급 미장 장인들
이다. 이 책에는 미장 장인들이 남긴 멋진 명언들이 소개되어 있다.

"미장 장인은 벽을 바르는 것이 아니라 거기에 이야기를 만들고 있다."
"미장 장인은 인간에게 딱 좋은 일을 한다."
"압축 광택 미장이 정직하게 빛나는 데는 명인의 솜씨가 있다."
"마사토에는 생사가 있고, 땅도 진흙도 살아 있다."
"일본의 미장은 간장, 유럽의 미장은 소스다."

이 책에 등장하는 미장 장인의 대다수는 아버지 세대로부터 대를 이
어 미장 장인이 된 뒤 자신만의 길을 개척하고 있다. 그들은 흙과 사귀고,
미장 마감을 상상하고, 다양한 질감과 느낌을 가진 미장으로 표현하기
위해 여러 가지 재료를 혼합한다. 이들은 재료와 벽체의 미장 표현을 연
결하는 엔지니어이기도 하다. 장인들은 경쟁하면서 동시에 서로의 경험
과 지식을 나눈다. 일본 전역의 흙은 각기 다른 특성을 갖으며 기후 또한
다르기 때문이다. 젊은 장인들은 전통 미장에 머물지 않고 현대적인 수
경 석회, 아마인유와 밀랍 사용, 조형적 표현 등 새로운 시도를 마다하지
않는다.

이 책에는 코바야시 스미오가 일본 전역에서 모은, 나가사키(長崎)의 아
마기 석회 미장, 아마쿠사(天草)의 남만 석회 미장(南蛮漆喰), 구마모토(熊

本)의 바위 석회 미장 갈퀴(岩漆喰 ガンゼキ), 쓰쿠미(津久見)의 삼화(三和), 교토(京都) 후카쿠사(深草)의 다타키(たたき), 오카자키(岡崎) 산슈(三州)의 다타키 등의 미장 기법과 토벽 사진들이 들어 있다. 저자는 "우리가 잃은 것은 흙벽도 토벽 재료도 아니다. 우리가 잃은 것은 감수성이다"라고 말한다. 이 책은 사라져 가는 옛것을 보존하고 새롭게 도전하는 것이 중요함을 이야기한다.

어떻게 일본에서 현대 건축에 밀려났던 전통 미장이 다시 각광을 받기 시작했는지 살펴볼 필요가 있다. 35년 전 교토에서 일본 유명 잡지사인 넥서스(NEXUS)가 현대 미장 기사를 크게 다뤘다. 그 후 와카야마 시라하마(和歌山白浜) 해변가에 있는 최고급 호텔 가와큐(川久)의 여사장이 미장으로 호텔 내부를 장식했으며, 일본의 욕실용 도기 전문회사인 INAX가 각지의 흙벽을 한자리에 모아 전시했다. 이즈음 20세기 미장 장인 쿠스미 아키라의 아들이자 신진 미장 장인인 쿠스미 나오키가 알려지기 시작했고, 슈헤이 하사도도 솜씨 좋은 미장 장인으로 이름을 알리기 시작했다. 일본의 건축가 나이토 히로시(內藤廣)나 쿠마 켄고(隈研吾)가 미장을 자신들의 작품에 적용했다.

2001년엔 월간 〈미장교실(左官教室)〉의 편집장이자 일본 현대 미장의 부흥을 이끈 인물로 인정받는 코바야시 스미오의 《미장 예찬(左官礼賛)》이 출간된다. 이후 지속적으로 일본 미장을 재조명하는 책들이 출간되고 있으며, 전국적으로 미장 축제가 개최되고 있다. 각 지역의 미장조합들은 청소년과 청년을 미장 장인으로 키우기 위한 워크숍과 교육 과정을 개설하는 등 대중화에 힘쓴다. 이와 더불어 해외 생태건축계에 일본의 미장과 미장 장인들이 널리 알려졌다.

4

세 계 적
미 장
기 업

　　　　　　"60살, 그 이하는 없지. 미장일 하려는 젊은것
들이 없어. 그러니 내 나이에 아직도 이 일을 하지. 이 일은 힘만 있으면
은퇴가 없어. 예전 같으면 팔팔한 놈들에게 진즉 밀려났을 거야."

　백발인 머리를 감추려 검게 염색했다는 미장 장인이 한숨을 쉬며 말
했다. 그는 60살을 훌쩍 넘은 나이에도 현장에서 일하고 있는 것이 한편
으론 자랑스러운 듯 말했지만 안타까움이 섞여 있었다. 한국에서 자연
미장은 시골에 집을 지으려는 사람들이나 관심 갖는 기술이지만, 유럽은
미장 길드가, 일본은 미장 조합이 지역마다 남아 있고 현대적 기술과 성
과를 반영하면서 산업으로 발전하고 있다. 흙이나 석회를 주재료로 사용
하는 자연 미장은 북미, 유럽, 일본의 벽체 마감 분야에서 주요한 흐름을
차지하고 있다. 여기에서는 북미와 유럽의 미장 기업들을 소개한다.

아메리칸 클레이

아메리칸 클레이(American Clay)의 CEO인 크로프트 엘세서(Croft Elsaesser)는 1994년 처음으로 미장을 시작한 이래 전 세계의 오래된 전통 기술을 익혀왔다. 현대 산업 미장재의 독성에 대해 문제의식을 느낀 그는 2년간의 실험을 통해 흙이 주재료인 실용적인 흙 미장재를 2002년 만들어냈다. 처음 만든 미장 제품들은 마르면서 금이 가고 시멘트처럼 회색이었다. 적지 않은 실패를 경험하다가 드디어 제대로 된 미장 제품을 출시했다. 제품을 실험한 곳은 그의 집이었다.

처음에는 허술한 헛간에서 형제들과 함께 일을 시작했다. 이후 공장을 신축해서 미국 앨버커키(Albuquerque)로 이사했다. 이곳에서 5시간마다 미장 제품 224통을 만들 수 있는 생산 설비를 갖추게 되었다. 최근에는 420여 평 정도 규모로 공장을 확장하여 5시간마다 미장 제품 1,800자루를 생산할 수 있는 시설을 갖추고 있다.

아메리칸 클레이에서 생산하는 미장재로 표현할 수 있는 색상 조합은 239가지나 된다. 흙으로 이렇게 다양한 색상을 구현한다는 것은 결코 쉽지 않다. 이 회사는 교육 과정을 개설해서 많은 미장공을 배출하고 있으며 대중을 위한 온라인 미장 워크숍 프로그램도 연다. 점토 미장재, 염료, 석회 미장재를 판매하는 온라인 쇼핑몰을 운영하고 있다. 현재 직원은 50여 명 정도로 크지 않지만, 생태건축을 하는 사람 중 이 회사를 모르는 사람이 없을 정도다.

바사리 플라스터 앤 스타코

바사리 플라스터 앤 스타코(Vasari Plaster&Stucco)의 창립자 알렉스(Alex)는 미장, 마감, 예술, 역사, 디자인, 멋진 일상을 사랑하는 사람이다. 그는 모든 사물은 멋진 벽을 배경으로 놓일 때에야 비로소 돋보일 수 있다고 생각했다. 약 7년 동안 유럽 전역을 다니며 미장 기법, 디자인, 전통 건축 등을 연구했다. 마지막엔 미국으로 건너가 2003년 오리건주에 회사를 설립했다. 페인트를 대체할 수 있는 고급 미장 마감재 생산을 목표로 주택, 호텔, 식당, 병원 등의 현장에 미장재를 판매하기 시작했다. 2009년 공장과 전시관을 캘리포니아 산타 바바라로 이전, 그리고 2013년에 벤투라(Ventura)로 다시 공장을 확장·이전했다. 그는 이곳에 미장재 공장과 운송센터를 세웠다.

바사리는 석회, 대리석 가루, 고운 모래를 주재료로 하는 천연 전통 미장재를 제조·판매하고 있다. 미리 반죽한 것을 통에 담은 습식 제품과 가루 형태로 판매하는 건식 제품을 취급하고 있다. 바사리의 제품은 주로 석회 치장용, 광택 미장 마감용 등 고급 미장에 사용한다. 바사리의 미장재로 시공한, 대리석처럼 광택이 나는 베네치안 미장은 자연의 아름다움과 생동감 있는 색상이 장점이다. 자신들의 미장재가 시스티나 예배당과 폼페이에 사용된 전통 미장재와 똑같은 공식에 따라 제조되었으며, 일체의 휘발성유기화합물(VOCs) 없이 만들어져 무독성이라는 점을 내세운다. 이제는 북미뿐 아니라 전 세계에 제품을 공급한다. 산타 바바라, 캘리포니아, 마닐라, 필리핀에 전시장과 통관 공장을 운영하고 있다.

클레이웍스

클레이웍스(Clayworks)는 영국 사우스웨스트의 콘월(Cornwall)에 있다. 아담 와이즈만(Adam Weismann)과 케티 브리스(Katy Bryce)가 2002년에 설립했다. 두 사람은 세계적으로 유명한 자연 건축에 관한 책들(《Natural Clay Plaster Wall Finishes》, 《Clay&Lime Renders, Plasters&Paints》, 《Using Natural Finishes》)의 저자이기도 하다. 이들은 천연 재료를 활용한 미장과 디자인, 기능과 형태를 결합하려는 깊은 열정으로 사업을 시작했다. 끊임없이 변화하는 자연 환경에서 얻은 영감을 천연 점토 미장에 적용하고 있다. 질감과 색상 표현이 뛰어난 미장재를 공급하고, 고급 미장 기법을 전파하는 데 주력하고 있다.

클레이웍스가 2010년 설립한 미장 장인 네트워크 CPN(Clay Plaster Network)을 주목할 필요가 있다. CPN은 재료에 대한 깊이 있는 지식을

클레이웍스의 천연 미장재로 다양한 질감을 표현한 미장 벽체

전달하고, 숙련할 수 있는 연수 기회를 제공한다. 미장 장인들과 정보를 교환하고 현장을 연결하는 등 홍보 혜택을 준다. 지역에서 미장 강사로 활동할 수 있는 자격도 부여한다. CPN은 이 회사 제품을 사용하는 전문 기술자와 미장 장인의 네트워크라 할 수 있다. 이 네트워크에 들어가기 위해서는 미장 분야에서 최소 3년 이상 경험을 쌓아야 한다. 현재 영국에서 100여 명 정도의 장인들이 이 네트워크에 들어가 있다.

클레이텍

클레이텍(Claytec)은 엄밀히 말하면 1970년대에 시작되었다. 이 회사의 창업주인 페터 브라이덴바흐(Peter Breidenbach)가 독일의 역사적인 파흐 베르크호프(Fachwerkhof) 안뜰을 개조해서 점토 실험실을 만들었을 때

클레이텍에서 생산하는 다양한 천연 건축 재료들

그의 나이는 15살이었다. 창고에서 오래된 학교 친구 울리히 뢰흐렌 (Ulrich Röhlen)과 함께 점토를 가지고 실험했다. 이후 그들은 1985년 창업, 흙 건축의 르네상스를 경험하고 있는 독일 생태 건축계에서 지대한 역할을 하고 있다.

앞서 소개한 회사들이 점토 또는 석회 미장재에 주력한다면, 이곳은 다양한 천연 섬유재, 천연 단열재, 천연 망 등 생태건축에 적합한 자재를 생산 · 판매하고 있다. 이 회사 역시 중소 규모의 가족 기업이다. 도예 공예에서 시작해 미장재, 천연 건축재를 다루고 있다. 재료에 대한 이해와 응용 기술을 바탕으로 연구와 실험을 계속해 주목할 만한 회사가 되었다. 이 회사의 목표는 생태건축 자재와 점토를 현대 건축에 적용할 수 있게 하고, 생태건축과 기념물을 보존하는 데 있다. 현재 연간 수익이 대략 7,500억 원 이상이다.

더 라임 플라스터 컴퍼니

더 라임 플라스터 컴퍼니(The Lime Plaster Company)의 창립자는 문화재 복원 미장 장인인 벤자민 스콧(Benjamin Scott)이다. 그는 전통 벽돌, 블록 및 석재 작업부터 바닥 놓기, 지붕 작업에 이르기까지 못하는 일이 없다. 전통 코티지 하우스(cottage house)로 유명한 영국 데번(Devon)에서 경력을 쌓다가 석회 미장으로 관심을 돌렸다. 특히 문화재 복원에 석회 미장을 적용하는 데 주력했다. 현재는 석회, 점토 등 다양한 소재를 활용하고 있으며, 캐나다에 진출해서 사세를 확장하고 있다. 유럽에서는 오래된 전통 가옥, 헛간과 새로운 건축물, 현대적인 시설까지 다양한 공사에 참여하고, 캐나다에서는 지역의 유적지 복원 프로젝트에 참여하고 있다.

이 회사는 건축 석회에 대한 전문 지식과 이해를 장려하기 위해 국제적으로 활동하는 건축석회포럼(Building Limes Forum)의 회원이기도 하다.

이 회사에서 장식 미장을 담당하고 있는 제임스는 북아일랜드에서 태어나 삼촌과 함께 일하면서 미장을 시작했다. 5년간 도제 과정을 거쳤고, 주로 외부 미장과 처마 장식을 전문으로 담당한다. 브라질 출신인 폴라(Paula)는 15년 동안 장식용 석회 미장, 미장 벽화와 같은 예술 작업을 담당하고 있다. 미장 벽 수리와 복원에도 전문적 경험과 지식을 갖고 있다. 전문 장인들로 구성된 이 회사는 다른 미장재 생산 기업들과 달리, 주로 전문 장인이 참여하는 미장 시공과 고건축 복원 및 교육에 주력한다.

여기서 소개한 기업 외에도 전 세계에 미장 재료 또는 미장 시공에 특화한 기업들이 많다. 한국에는 천연 미장재 회사로 클레이맥스와 바우만 하우재가 많이 알려져 있다. 미장 전문 시공 업체로는 아직 기업의 모양새를 갖춘 곳이 드물다. 미장 장인을 중심으로 현장을 옮겨 다니는 정도이다. 그렇지만 해외 제품을 판매하는 회사와 관련을 맺고 활동하는 미장 장인들이 점차 늘어나고 있으며, 인테리어 수준이 높아지고 건축 마감의 변화가 일고 있으니 미장 전문 기업들도 늘어날 것으로 보인다.

3부
흙 미장

1

초벽을
만드는
방법

자연 미장한 벽은 미장 장인의 감각과 솜씨에 따라 다양한 개성이 나타난다. 밝은 색상에서 차분한 색상, 매끄럽거나 거칠고 투박한 질감, 작고 섬세한 문양에서 대담한 문양까지 개성적인 표현이 가능하다. 목구조에 대를 엮은 바탕벽에 자연 미장만으로 만들어지는 초벽을 이해하면 미장의 세계로 성큼 한 발 내딛을 수 있다. 초벽(심벽)은 한옥 건축의 기본일 뿐 아니라 전 세계 서민들에게 널리 알려진 건축 방법이다. 초벽은 굳이 설명이 필요 없는 생활기술이었다.

초벽을 세우는 방법은 나라마다, 지역마다 차이가 있다. 여기서 소개하는 방식은 전통 한옥 건축에 주로 적용하던 방법을 기초로 삼고 있다. 초벽은 경량목구조와 다르다. 경량목구조는 구조목으로 기둥과 보 등 목구조를 짜고, 유리섬유 단열재를 넣은 후 벽체 앞뒤로 합판과 석고 보드

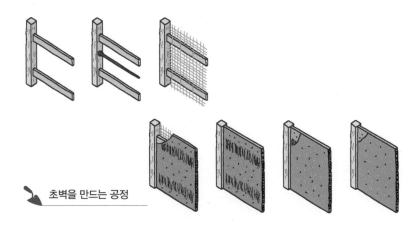

초벽을 만드는 공정

를 덮는다. 그러나 초벽은 기둥과 기둥, 인방과 인방 등 목구조 사이에 대나무나 수숫대, 잔가지로 격자 모양의 외를 짠다. 그 위에 여러 번에 걸쳐 흙 반죽을 바르고 마지막으로 석회 반죽을 발라 벽을 만든다. 이때 바르는 미장 반죽은 흙, 모래, 지푸라기와 물을 섞어서 만든다.

이렇게 목구조에 흙 반죽을 붙여 만든 두꺼운 벽은 그 자체로 구조와 방화재가 되고, 마감이다. 최근에는 단열 성능을 높이기 위해 벽체 안팎에 이중으로 외(심)를 엮은 심벽 사이에 왕겨, 톱밥, 볏짚 등 다양한 단열재를 채우고 흙 반죽을 붙이는 이중 심벽(이중 초벽)이 선호되고 있다.

초벌 벽토 준비

집의 기초를 만들기 시작했다면 미장 장인은 점성이 있는 점토와 물, 잘게 자른 볏짚을 섞어 최소 2주에서 몇 달까지 재워 숙성시킨다. 30평 정도의 흙벽 집이라면 현장 한구석에 1톤 트럭 한 대 정도의 공간을 마련하고 포장을 깔아 흙을 쌓는다. 여기에 자른 짚과 물을 넣고, 밟거나 소형

숙성시켜 둔 초벌 벽토 반죽

경운기를 이용해서 섞는다. 흙 반죽을 숙성시키면 짚이 발효되면서 규사, 셀룰로오스, 리그닌이 빠져나와 끈기가 늘어나고 색이 검게 변한다. 쿰쿰한 냄새가 나기 시작하지만 걱정할 필요 없다. 적절한 시점에 지푸라기를 추가하고 반복적으로 섞는다. 이렇게 볏짚, 흙, 물을 섞어 발효시키면 바를 때 편하다. 즉, 도포 작업성이 좋아진다. 적은 물을 사용하고도 흙 반죽이 겹쳐 발리지 않기 때문에 부드럽게 바를 수 있다.

심벽(초벽) 짜기

목수가 목구조를 다 짰다면 기둥과 기둥, 인방과 인방 사이에 대나무, 수숫대, 잔가지, 갈대 등으로 격자로 외(심)를 엮어 심벽(초벽)을 만든다. 대나무를 예로 들면, 종횡으로 대나무 심을 끼워 넣기 위해서는 기둥과 인방에 작은 구멍을 미리 뚫어두어야 한다. 우선 수직으로 대나무를 촘촘히 끼우고, 이후에 수평으로 대나무를 끼운 후 삼끈으로 묶어가며 격자

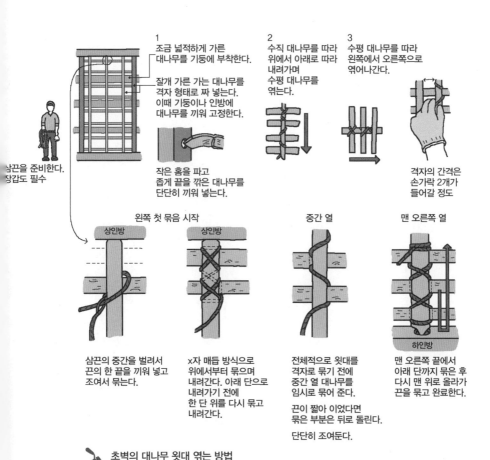

삼끈을 준비한다.
장갑도 필수

1
조금 넓적하게 가른
대나무를 기둥에 부착한다.

잘게 가른 가는 대나무를
격자 형태로 짜 넣는다.
이때 기둥이나 인방에
대나무를 끼워 고정한다.

작은 홈을 파고
좁게 끝을 깎은 대나무를
단단히 끼워 넣는다.

2
수직 대나무를 따라
위에서 아래로 따라
내려가며
수평 대나무를
엮는다.

3
수평 대나무를 따라
왼쪽에서 오른쪽으로
엮어나간다.

격자의 간격은
손가락 2개가
들어갈 정도

왼쪽 첫 묶음 시작
상인방
상인방

삼끈의 중간을 벌려서
끈의 한 끝을 끼워 넣고
조여서 묶는다.

x자 매듭 방식으로
위에서부터 묶으며
내려간다. 아래 단으로
내려가기 전에
한 단 위를 다시 묶고
내려간다.

중간 열

전체적으로 윗대를
격자로 묶기 전에
중간 열 대나무를
임시로 묶어 준다.

끈이 짧아 이었다면
묶은 부분은 뒤로 돌린다.

단단히 조여둔다.

맨 오른쪽 열

하인방

맨 오른쪽 끝에서
아래 단까지 묶은 후
다시 맨 위로 올라가
끈을 묶고 완료한다.

🔨 초벽의 대나무 윗대 엮는 방법

형태로 엮는다. 대나무의 적절한 간격은 보통 손가락 두 개 정도이다. 손가락을 넣어서 끈을 엮기에 편리하고 흙 반죽을 붙이기에 적당한 간격이다.

이렇게 만든 대나무 격자에 무거운 초벌 벽토(처음 바르는 흙 미장 반죽)를 바르려면 대나무 외(심)가 흔들리지 않게 단단히 고정해야 한다. 대나무는 5년 이상 묵은 것을 대략 20~30mm 정도 폭으로 갈라서 사용한다. 기둥과 기둥, 인방과 인방 안쪽에 대나무로 엮은 격자의 면적이 넓고 충분한 힘을 받지 못할 경우 넓적하고 단단한 판각재를 중간에 끼워서 보강한다.

초벌 벽토 바르기

드디어 그동안 숙성시켜 두었던 초벌 벽토를 바를 단계다. 한 손으로 손잡이가 달린 흙받이를 잡고 다른 손으로 흙손을 잡는다. 흙받이 위에 적당한 분량의 초벌 벽토를 올린 뒤, 미리 짜둔 대나무 격자 심벽에 흙손을 이용해서 바른다. 벽토 흙 반죽은 대나무 격자 사이로 흙 반죽이 살짝 돌기처럼 빠져나올 정도여야 한다. 안쪽에 바른 반죽이 어느 정도 꾸둑꾸둑 말라갈 때 반대 면도 초벌 벽토를 바른다. 초벌 반죽은 모래가 들어가지 않기 때문에 수축하면서 크고 작은 균열이 일어나고 평평하지 않을 수 있다. 초벌 벽토가 완전히 마르기 전에 흙손으로 다시 살짝 누르거나 나무 흙손으로 문질러 가능하면 평활하게 만든다.

재벌 벽토 바르기

초벌 미장이 다 말랐다면 초벌 벽토 반죽에 비해 더 미세한 짚을 넣고 모래를 추가하여 재벌 벽토 반죽을 바른다. 재벌 벽토 역시 미리 흙, 볏짚, 물을 섞어 숙성시킨 것을 사용해야 작업성과 접착성이 높아진다. 단, 모래는 작업 전에 추가한다. 모래를 추가하면 균열이 생기지 않고 단단해진다. 참고로 미장은 한 층 한 층 덧바를 때마다 더 미세한 흙, 모래, 짚을 사용해야 한다. 재벌 역시 어느 정도 말라갈 때 다시 한 번 흙손으로 다듬어 평활하게 만든다. 이렇게 다듬어주는 작업을 현장에선 '물때를 보아 눌러준다'고 표현한다.

마감 미장하기

마감 미장은 마무리로 벽토를 아주 얇게 바르는 작업이다. 미세한 미분토를 쓰거나 색상이 있는 색토(色土) 또는 석회 반죽이나 석고 반죽을 발라 마무리한다. 마무리 미장에는 대개 모래를 섞지 않지만 섞더라도 아주 미세한 모래나, 부드러운 짚 또는 섬유, 풀, 안료를 섞는다. 마무리 미장은 흙손으로 바르는 칠에 가깝다고 할 수 있다.

외벽 마감

외부에 노출되는 외벽 마감을 할 때는 흙 반죽에 가능하면 모래를 섞지 않는다. 모래를 많이 섞으면 빗물에 쉽게 씻겨나갈 수 있다. 풀도 섞지 않는다. 역시 비에 오랫동안 노출되면 풀이 녹아내릴 수 있다. 비가 많이 오는 지역에서는 외벽을 주로 석회 반죽으로 마감하는데, 내수성을 높이기 위해 미세 볏짚과 미리 섞어 숙성시킨 석회 반죽을 바른다. 요즘 외벽 마무리는 미장으로 마감하지 않고 강판이나 목판 또는 다양한 건식 외장 마감재로 처리하는 사례가 늘고 있다.

2

흙벽의
장단점

흙 미장이야말로 서민의 기술이라 할 수 있다. 옛날에 흙은 비용을 들이지 않고 주변에서 쉽게 구할 수 있는 자연 재료였다. 물론 현대에 와서도 전 세계 수많은 사람들이 흙으로 집을 짓는다. 돌이나 나무로 집을 지을 때라도 흙 미장으로 집을 좀 더 기능적이고 아름답게 만들었다.

사회적 분업이 일어나면서 지역 공동체 안에 흙 미장을 전문으로 담당하는 장인들이 등장했다. 산업화 이후 흙이 차지하던 자리는 시멘트로 바뀌었다. 시멘트 등장 이후 흙벽이 사라진 가장 큰 이유는 시공의 어려움과 긴 시공 기간 때문이다. 보통 목구조에 흙을 발라 초벽을 만드는데 중간중간 건조 시간까지 포함해서 1~2개월 정도가 소요된다. 흙은 효율과 속도를 우선하는 현대 건축에서 받아들이기 쉽지 않은 재료다.

그럼에도 흙집에 매료되는 사람들이 있고, 지난 몇십 년 동안 흙 건축이 전 세계적으로 늘어나는 데는 나름의 이유가 있다. CSI(Cement Sustainability Initiative)에 따르면 에너지와 기후에 관한 파리협약으로 2050년까지 전 세계 시멘트 산업은 시멘트 생산과 콘크리트 시공 과정에서 발생하는 이산화탄소를 24%까지 감축해야 한다. 시멘트 부문은 산업 에너지 사용량의 7%를 차지하는 세계 세 번째로 큰 산업 에너지 소비 분야다. 이산화탄소 세계 배출량의 약 7%를 차지할 정도로 대기 오염이 크다.

세계 인구는 여전히 지속적으로 증가하고 도시화 또한 꾸준히 진행되고 있다. 세계 시멘트 생산량은 2050년까지 12~23% 증가할 것으로 예상된다. 우리가 진정으로 에너지와 기후 위기 문제를 생각한다면 건축 분야에서 흙을 많이 이용해야 한다. 흙 건축과 흙 미장은 시멘트에 비해 생산 과정에서 에너지 소비가 극히 적고, 건축 과정에서 이산화탄소 배출을 거의 하지 않는다. 유럽 각국은 흙을 다시 건축의 주재료로 이용하기 위한 연구에 박차를 가해왔다. 각국의 주요 연구소들은 이미 흙으로 10층 높이 아파트를 지을 수 있는 기술과 방법을 개발한 상태다. 그럼에도 흙 건축이나 흙 미장은 여전히 대중화되지 못하고 있다. 흙을 건축에 활용할 때 장단점이 극명하기 때문이다.

흙벽의 장점 : 조습, 단열, 내화, 탈취

❶ 조습 : 흙벽은 근대에 지어진 양조장이나 저장고에서 자주 볼 수 있다. 그 이유는 흙벽의 조습성 때문이다. 술 담글 때는 적절한 습도와 기온이 유지되어야 하는데, 흙벽은 습도와 기온을 조절한다. 한때 전남 장

홍의 바다 가까운 마을에 흙집을 짓고 살았는데, 습기가 많은 여름에도 60~70% 정도의 실내 습도를 유지했다. 반면 지금 살고 있는 경기도 파주의 아파트는 여름철 실내 습도가 90%에 가까워 제습 기능이 있는 에어컨을 사용해야 한다. 두껍게 만든 흙집은 여름에는 시원하고 겨울에는 포근한 장점이 있다. 흙은 습도가 높으면 공기 중의 수분을 흡수하고, 습도가 낮으면 수분을 방출해서 과도하게 실내가 건조해지는 것을 막아준다.

❷ **단열** : 흙벽이 단열성을 갖고 있다는 말은 사실 오해다. 흙벽은 단열성이 아닌 축열성이 높다. 흙은 밀도가 높은 재료이다. 밀도가 높은 재료는 열과 냉기를 흡수해 보존한다. 전통 한옥처럼 흙벽이 7~9cm 내외로 얇으면 여름에 더 더울 수 있고 겨울에 더 추울 수 있다. 그렇지만 흙벽이 40cm 이상 두꺼우면 외부의 열기나 냉기가 실내로 전달되는 데 지체가 일어난다. 뜨겁게 달궈진 흙벽의 열기가 다소 기온이 떨어진 저녁에 집 안으로 들어오기 때문에 상대적으로 덜 덥게 느껴진다. 이러한 점을 흙벽에 단열성이 있다고 사람들이 오해한다. 흙벽이 얇으면 스티로폼, 우레탄폼, 유리섬유 단열재를 넣은 현대 건축에 비해 춥거나 덥다. 이러한 문제를 해결하기 위해 현대 흙 건축자들은 초벽으로 외벽을 만들 때 골조를 중심에 두고 안팎으로 두껍게 만든 후 그 사이에 톱밥, 왕겨, 대마 섬유, 볏짚 등을 흙이나 석회와 함께 섞어 단열성을 높이는 방식을 개발했다. 심지어 다다미를 만들 때 사용하는 볏짚 판재를 스티로폼을 대신해서 부착한 후 철망을 붙이고 흙 미장을 하기도 한다.

❸ **내화** : 한옥은 나무 골조에 흙을 바른 초벽으로 벽을 세워 집을 짓는

건축 방법이다. 순수하게 목재만으로 지은 경우나 화학 자재를 주로 사용한 현대 건축에 비해 흙벽은 화재 확산을 늦추는 효과가 있다.

❹ **탈취** : 흙벽은 실내 공기를 정화한다. 흙의 기공층이 공기 중 유해물질을 흡착하기 때문이다. 흙집에서는 음식을 하고 난 후 냄새가 쉽게 사라진다. 콘크리트로 지은 새집이라도 흙 미장을 한다면 새집증후군을 어느 정도 완화할 수 있다. 흙벽은 마치 살아 있는 것처럼 수분과 공기를 흡수했다 방출하기 때문에 사람들이 흔히 '숨을 쉰다'고 표현한다.

흙벽의 단점 : 긴 시공 시간, 비표준화, 균열, 노후화, 곰팡이

❶ **긴 시공 시간** : 흙벽, 특히 초벽은 여러 단계에 걸쳐 겹겹 미장해야 한다. 각 단계마다 건조하는 데 충분한 시간이 필요하기 때문에 시공 기간이 길다. 미장 벽을 빨리 말리려고 송풍기를 돌려 건조시키면 벽에 잔금이 일어나고 큰 균열이 생길 수 있다. 시공 기간을 늘리는 요소는 이뿐만 아니다. 초벽을 만들려면 목구조에 대나무나 잔가지를 이용하여 격자로 심을 만들어야 하는데 상당한 작업 시간이 소요된다. 미장재도 흙과 볏짚을 섞어 최소 몇 주에서 몇 달 동안 숙성시켰던 것을 사용해야 질 좋은 벽을 만들 수 있다. 마무리 미장까지 마친 후에도 흙벽이 완전히 마르려면 여름엔 약 2주, 겨울엔 1개월 정도 걸린다. 이 점은 현대 건축에서 큰 단점이다.

❷ **비표준화** : 흙벽은 섬세한 성질을 갖고 있어 흙 미장을 바르는 방법에 따라, 사용하는 흙의 종류에 따라 강도 및 균열 여부가 결정된다. 흙을 다루는 데에는 상당한 전문 기술이 필요하며 장인의 솜씨에 따라 그 작업 결과가 달라진다. 그리고 흙벽은 재료와 혼합 방법을 표준화하

기 어렵다. 시공하는 시기의 기온과 습도에 따라 흙의 점도와 건조 시간을 조정해야 하기 때문이다.

❸ 균열 : 흙벽은 지진은 물론 사소한 진동이나 압력의 영향으로 열화가 일어나 균열이 발생할 수 있다. 아무리 정교하게 시공했다 하더라도 흙의 특성상 균열이 일어나기 쉽다. 물론 벽체에 미세한 금이 갈라졌다 해도 주택의 안전에 큰 문제가 있는 것은 아니고 쉽게 보수할 수 있다. 그러나 현대 건축에서 이러한 균열은 하자로 여겨진다.

❹ 노후화 : 흙벽은 오랜 시간이 지나면서 퇴화하며 미장이 떨어지거나 깨지는 경우가 있다. 현대 건축에 비해 상대적으로 잦은 보수가 필요하다. 그대로 방치하면 균열이 일어나거나 탈락한 부분이 점점 커질 수 있다. 세월이 지나며 흙벽이 수분을 조정할 수 없게 되었거나 강도가 약해졌기 때문이다. 강한 충격이나 압박이 원인이 되기도 한다. 흙벽의 미장 면이 얇게 일어나는 박리 현상이 생기면 집 안에 지속적으로 먼지가 날린다. 신속한 대처가 바람직하다. 물론 현대 흙 건축자들은 개선된 재료와 기법으로 이러한 문제를 해결하고 있다. 흙에 석회, 고령토, 포졸란 재료를 혼합해 강도를 높이거나, 반죽에 다양한 천연 풀이나 기경성 기름을 혼합해 먼지 발생을 줄인다. 흙을 주재료로 사용하면서도, 다른 천연 재료를 첨가하거나 혼합 비율을 미세하게 조절하여 콘크리트 못지않은 강도와 내구성을 갖는 새로운 흙 건축 재료를 속속 생산해 내고 있다.

❺ 곰팡이 : 흙벽이 오래되면 조습 능력이 떨어지면서 곰팡이가 발생하기 쉽다. 또 오랫동안 묻은 손때와 생활 오염이 양분이 되어 곰팡이가 늘어날 수 있다. 흙벽에 생기는 곰팡이는 물방울 무늬처럼 둥근 얼룩

형태로 검게 발생하는데 알레르기나 천식의 원인이 될 수 있다. 물론 시멘트로 지어진 집에서도 이 점은 마찬가지다. 곰팡이가 생긴 부분은 가능한 한 빨리 락스로 닦아 제거해야 한다. 드문 경우지만 곰팡이 방지를 위해 방충, 방부성이 있는 은행잎 삶은 물을 미장 반죽에 사용할 때도 있다. 서양 흙 건축자들은 방부성 높고 화장품 재료로도 사용하는 붕소를 물에 녹여 미장 반죽에 혼합하기도 한다.

흙벽뿐 아니라 모든 건축 공법은 장단점이 있다. 흙벽의 장점은 사람들이 끊임없이 매력을 느끼는 이유이고, 단점은 적지 않은 사람들이 흙벽을 주저하는 이유다. 현대 흙 건축가들은 끊임없는 실험과 도전으로 흙벽을 현대 건축에 적용시키고 있다.

3

시작이　반,
준비가
반

　　　　　　　　　"흙 미장은 시간의 예술"이란 말이 있다. 전 공정에 오랜 시간이 걸리고, 너무 빠르지도 너무 느리지도 않게 적절한 시간에 맞춰 각 단계 작업을 해야 하는 섬세한 일이다. 흙 미장은 재료 준비가 반이다. 의도한 벽체 표현을 위해 공정 단계마다 필요한 흙 미장 재료를 정성껏 준비해야 좋은 결과를 얻을 수 있다.

흙 준비

흙 미장에 황토만 사용할 수 있는 것은 아니다. 우리나라 각 지역의 흙은 대부분 점성이 있어 미장에 적합하다. 다만 지표면에서 최소 20~30cm 이상 깊숙이 있는 속흙을 사용해야 한다. 겉흙은 나뭇가지, 벌레, 낙엽, 각종 유기물이 섞여 있어 미장에 적합지 않다. 자연에서 파 온 흙은

6~15mm 구멍을 가진 체에 쳐서 불순물과 굵은 자갈을 걷어내고 사용한다. 흙 미장은 보통 초벌(1차), 재벌(2차), 정벌(3차, 마무리, 마감)로 나누는데 뒤로 갈수록 모든 재료의 입도, 즉 알맹이 크기가 작아야 한다. 재료를 준비할 때부터 용도별 각기 다른 체로 쳐두는 게 좋다. 흙의 양은 뒤로 갈수록 적게 들기 때문에 초벌, 재벌, 정벌 흙의 양은 4:1:0.3 정도 비율로 준비해 두면 적당하다. 물론 이 비율은 현장 상황에 따라 바뀔 수 있다. 흙을 체에 치는 데 상당한 시간과 노동이 필요하다. 전문 흙 재료상이나 미장 장인은 현장 일이 없을 때 전동 채를 이용해서 미리 작업해 둔다. 마무리 미장 때 미분토를 사서 쓸 수 있지만 매우 비싸다.

모래 준비

모래는 2~3mm 체에 쳐둬야 한다. 물론 건재상에서 미장 용도로 미리 체에 쳐둔 미장사를 사서 쓸 수 있다. 하지만 미장사 역시 여전히 거칠고 입자 크기가 일정치 않기 때문에 정갈한 미장을 위해 다시 체에 쳐서 사용하는 게 좋다. 고운 마무리 미장을 하려면 흙뿐 아니라 모래 입자도 밀가루처럼 미세하고 작아야 한다. 모래도 각 미장 단계별로 망 크기가 다른 체에 걸러 구분해 둔다. 요즘엔 규사 모래(실리카 모래)를 입자 크기별로 구분해서 부대에 담아 파는 곳도 있다. 입자 크기별로 번호가 붙어 있는데 숫자가 클수록 더 곱고 가는 모래다. 제품으로 판매하는 규사 모래는 고운 것일수록 비싸기 때문에 섬세한 마감 미장을 위해서만 조금 사용하는 것이 경제적이다. 바다나 강에서 모래를 허가받지 않고 파오는 것은 불법이다. 바다나 강에서 파 온 해사나 강사를 건축에 사용하기 위해서는 맑은 물로 충분히 세척해서 모래의 유기물이나 소금기를 반드시 없애야 한다. 건재상에서 파는 모래는 이미 세척한 것이다.

볏짚 준비

새 볏짚을 쓸 수도 있고, 한 해 묵어 탈색된 것을 쓸 수도 있다. 한 해 묵어 탈색된 볏짚을 쓰지 말아야 한다는 주장이 있는데, 일본에는 탈색된 볏짚을 석회 미장에 넣는 미장법이 있다. 물론 묵은 것이라도 썩은 것이나 검게 변색된 것은 사용하지 않는다. 새 볏짚은 드세서 미장 면에서 삐져나올 수 있다. 물에 며칠 담가 숨을 죽인 후 사용하거나, 작두로 듬성듬성 자른 후 잔가지 분쇄기에 넣어 잘게 부수어 사용한다. 잔가지 분쇄기가 없을 경우 쇠 드럼통에 자른 볏짚을 넣고 예취기로 돌려서 파쇄할 수 있다. 먼지가 심하게 나기 때문에 반드시 마스크를 하고 작업해야 한다. 볏짚도 고운 미장을 할 때는 구멍이 6mm 이하인 체에 걸러 사용하기도 한다. 도시에서는 볏짚을 준비하는 게 쉽지 않다. 삼 섬유나 바나나 섬유를 잘게 잘라 만든 섬유재인 지콘 파이버로 대용하는 사례가 늘고 있다. 일본에서는 미장 전용으로 가는 볏짚을 따로 포장해서 판다.

볏짚의 혼합 양

흙 반죽에 볏짚을 도대체 얼마나 넣어야 할지 가늠하기 어렵다. 장인마다 다르고 미장 단계마다 다르다. 또한 질감 표현에 따라 다르다. 그럼에도 나름의 기준을 잡기 위해 자료들을 찾아보다 흙벽 미장에 사용되는 볏짚의 양을 소개한 일본토벽네트워크의 자료를 발견했다.

"짚의 양은 토벽(土壁)의 강도에 크게 영향을 준다. 짚이 많을수록 인성은 증가하고 최대 강도는 저하되는 경향이 있다. 일본 민간 주택의 표본에서 토벽의 짚 배합은 흙 100ℓ당 1.4~1.7kg 정도가 가장 많고, 2kg을 넘는 것도 있었다. 일본미장협회에서 제시하는 볏짚 배합 표준은 0.4~0.6kg이지만 표준보다 더 많은 양의 볏짚을 넣은 경우에도 토벽의 압축 강도는 기준 수치의 3배 이상이었다."

일본토벽네트워크에 따르면 볏짚을 많이 넣는다고 벽체 강도가 기준치 이하로 줄어들지 않는다. 여기에서 주의할 점이 있다. 일본토벽네트워크나 일본미장협회가 제시한 볏짚 혼합 자료는 무게 기준으로 제시되어 있는데, 흙의 양에 비하면 극히 소량이다. 볏짚은 흙에 비해 워낙 가볍기 때문에 부피가 중요하다. 현장에서 볏짚 무게를 잴 수 없기 때문에 눈대중으로 필요한 볏짚 양을 가늠할 수 있어야 한다. 장인들은 적당한 볏짚 혼합 양을 가늠하는 나름의 요령이 있다. 장인들은 흙 반죽과 볏짚을 충분히 혼합한 다음, 흙 반죽을 흙손으로 떠보았을 때 볏짚의 촘촘한 정도를 보고 판단한다. 초벌이냐, 재벌이냐, 마감 미장이냐에 따라 반죽에 들어가는 볏짚의 굵기나 양은 달라질 수 있다. 볏짚뿐 아니라 다른 대체 섬유재의 경우도 마찬가지다. 미장에 포함되는 섬유재의 색상, 재질에 따라 미장 면에 다양한 질감을 연출할 수 있는데, 의도에 따라 섬유재의 양은 달라진다.

풀 준비

풀은 흙 미장의 필수 재료는 아니지만 자주 사용하는 재료다. 흙 미장의 점성을 높여주고, 미장이 겹치지 않고 잘 발라지게 한다. 한마디로 작업성이 좋아진다. 풀은 미장의 수분이 너무 빨리 마르지 않도록 물 입자를 잡아주는 역할도 한다. 풀이 미장의 보수성을 높인다. 풀을 넣으면 미장이 천천히 마르기 때문에 균열이 발생하는 것을 줄여준다. 그렇지만 적당히 넣어야지 너무 많이 넣으면 풀이 마르면서 지나치게 수축하기 때문에 미장이 벽에서 떨어져 나오는 박리 현상이 생길 수 있다. 밀가루 풀, 찹쌀 풀, 느릅나무 풀, 카세인 풀, 해초 풀 등 다양한 풀이 있다. 흙 미장에는 아무래도 값싼 밀가루 풀을 주로 사용한다. 요즘에는 전분을 저온으로 볶아서 덱스트린으로 만든 전분 변성 풀을 팔기도 한다. 일명 고려풀이라고도 하는데 본래 용도는 벽지 도배다.

밀가루 풀 만드는 법

흙 반죽과 밀가루 풀의 적당한 혼합 양은 흙 반죽 18ℓ에 밀가루 풀 반 컵 정도이다. 절대 불변의 비율은 아니다.

❶ 밀가루 1컵에 2컵 분량 물을 섞어 뭉근하게 가열해 풀을 만든다.
❷ 밀가루 풀이 보글보글 끓을 때 6컵 분량의 물을 추가해 끓인다.
❸ 계속 저어 눌어붙지 않게 하고 불을 끈 후 천천히 식혀서 사용한다.
❹ 채에 걸러 덩어리진 반죽을 제거하고 사용한다.

전분 변성 풀 만들기

전분 변성 풀의 재료는 덱스트린이다. 덱스트린은 전분을 볶아서 만드는데 찬물과 섞어서 풀을 만들 수 있다. 덱스트린을 만드는 방법은 의외로 간단하다. 350도 정도 가열한 알루미늄 팬에 감자나 옥수수 전분 1/4컵을 넣고 빠르게 주걱으로 휘저어 주며 볶는다. 주걱 뒤에 뭉친 전분은 자주 털어내어 으깨주어야 한다. 이때 5분 간격으로 불에서 팬을 내려놓아 전분이 절대 타지 않도록 한다. 전분이 타면 캐러멜라이징되어 점성이 낮아진다. 전분이 담황색 또는 노란색으로 골고루 변했을 때 불에서 내려놓는다. 이렇게 볶은 전분을 물에 넣었을 때 완전히 녹아 풀어지거나, 덱스트린 분말에 끓는 물 두세 스푼을 떨어뜨렸을 때 완전히 녹는다면 잘 만든 것이다. 이때 뿌옇게 백탁이 일어나지 않고 투명한 풀 상태가 되어야 한다. 요오드팅크로 덱스트린을 실험해 보는 방법도 있다. 덱스트린에 요오드팅크 용액 방울을 떨어뜨린다. 검청색이나 보라색 또는 갈색이 나타날 경우 아직 충분히 전분의 분자 구조가 변성되지 않은 상태다. 더 가열해야 한다.

덱스트린이 잘 만들어졌다면 찬물과 섞어 풀을 만들 수 있다. 덱스트린 시럽을 만들 때는 얕은 접시에 끓는 물을 따르고 여기에 소량의 덱스트린 가루를 넣는다. 스푼의 뒷면을 이용하여 덱스트린과 물을 섞어 치약처럼 만든다. 끓는 물을 조금씩 부어가며 덱스트린을 녹여 거의 투명할 때까지 스푼으로 갈며 혼합한다. 몇 초 동안 전자레인지에서 열을 가하고 덱스트린이 완전히 녹을 때까지 혼합하기를 반복한다. 시럽을 실온에서 식힌 후 곰팡이가 생기지 않도록 요오드팅크 몇 방울을 추가한다. 가능하면 밀폐 용기에 넣어 냉장 보관한다. 가루 분말 상태로 보관하는 것이 적절하다.

물 준비

흙 미장에는 소금기 없는 맑은 물이 필요하다. 큰 통에 따라두고 조금씩 떠서 사용해야 반죽에 들어가는 물 양을 미세하게 조절하기 편하다. 아주 가끔 특수한 물을 미장에 혼합하는 경우가 있다. 볏짚, 굴 껍질, 은행잎을 넣고 끓인 물이다. 볏짚을 끓이면 천연 셀룰로오스와 규사, 리그닌 성분이 빠져나와 흙 미장의 강도를 높여주고 비에 강하게 만든다. 굴 껍질 끓인 물도 마찬가지로 미장 강도를 높여준다. 특히 석회 미장에 주로 사용한다. 은행잎 끓인 물은 방충·방부 효과가 크다. 벌레를 막고 곰팡이가 생기는 것을 방지할 수 있다.

면적당 흙 미장 반죽의 양

기준 면적당 어느 정도의 미장 반죽을 준비해야 할까. 준비해야 하는 흙 반죽 양은 상황마다 다르고, 초벌, 재벌, 정벌 각각 다르다. 초벌 미장(1차 미장)을 10mm 두께로 바를 경우 면적 1m²당 약 10ℓ의 반죽이 필요하다. 재벌 미장(2차 미장)은 6mm 두께로 바를 경우 1m²당 약 5.1~5.2ℓ가 필요하며, 마감 미장(마무리 미장)은 3mm 두께로 바를 경우 1m²당 약 4ℓ의 흙 반죽이 필요하다. 보통 핸디코트를 담는 플라스틱 통이 25ℓ 용량이고, 말 통이라 부르는 기름통의 용량이 대략 20ℓ이다. 미리 알아두면 이를 기준으로 흙의 양을 가늠하기 좋다.

흙 미장을 위해 흙, 모래, 볏짚, 풀, 물을 어떻게 준비할지 정리해 보았다. 생각보다 준비하는 과정이 복잡하기도 하고 많은 시간이 필요하다. 이 때문에 일본 미장 장인들은 한 해 사용할 흙 미장 반죽을 미리 만들어 밀봉해 두었다가 사용한다. 히로시마에 방문했을 때 지인의 소개로 미장재 공장을 방문한 적이 있는데 지역 미장 장인들이 이곳에서 미장 흙 반죽을 사서 쓴다고 했다. 유럽이나 북미에서는 미장 장인이나 일반 자가 미장 작업자를 위해 미리 혼합한 습식 미장 반죽이나 분말 형태의 건식 미장재를 통이나 자루에 담아 팔고 있다. 한국에도 몇 곳이 있지만 유럽이나 북미처럼 다양한 제품을 생산하지는 못하고 있다. 흙 건축을 하는 몇 곳에서 미장재 판매를 시도한 적이 있지만 워낙 시장이 작아서 고전하고 있다.

4

바 탕 벽
준 비 와
단 열

　　　　　찰진 흙으로 미장 반죽을 만들어 바르면 영원
히 떨어지지 않을 것 같지만 착각이다. 찰진 미장 반죽은 바를 때 잘 붙을
뿐 미장이 떨어지는 것을 막지 못한다. 전시를 위해 합판에 찰진 반죽으
로 미장한 적이 있는데, 며칠 뒤 마르고 나서 미장 면이 허무하게 떨어져
버렸다. 미장의 바탕이 되는 합판이 너무 미끄러웠기 때문이다. 앞서 소
개했던 초벽은 대나무나 잔가지를 격자로 엮은 바탕이기 때문에 별도 처
리 없이 바로 미장할 수 있다.

　미장 반죽은 페인트칠에 비해 무겁다. 점성이 좋은 흙이나 석회를 사
용했다 해도 오랜 세월이 지나면 미장 면이 벽체로부터 탈락될 수 있다.
접착성을 높이기 위해 풀을 첨가했다 해도 한계가 있다. 미장 면은 오랜
시간 동안 온도 변화와 빗물 침투, 바람과 진동 등 충격에 의해 접착성이

떨어진다. 벽체 바탕의 물성과 미장 반죽의 궁합이 맞지 않으면 더 쉽게 떨어진다. 바탕벽이 벽돌, 시멘트, 나무 판재, 합판, 석고 보드, 금속, 플라스틱 등 흙이 아닌 다른 재질이라면 온도 변화에 따라 신축성이 다르다. 특히 나무, 합판, 석고 보드 위에 그대로 미장을 했다면 오래지 않아 탈락되기 쉽다. 매끄러운 시멘트 벽이나 콘크리트 벽면에 아무런 처리 없이 곧바로 미장을 했을 경우에도 역시 빠르게 탈락된다. 별도의 처치가 필요하다.

물리적 요철, 턱, 홈, 쐐기, 망

해결책은 물리적 요철, 미세한 턱, 홈을 만들거나 쐐기를 박거나 망을 부착하는 것이다. 미장을 할 바탕 벽면에 무거운 미장 반죽이 걸칠 수 있도록 금을 긋거나, 그물, 플라스틱 메시(mesh), 금속 망(metal lath), 갈대 발을 부착하거나, 홈이나 구멍이 무수하게 나 있는 미장 전용 타공 보드를 부착해야 한다. 점성이 좋은 접착제와 모래를 섞은 모래 풀을 발라 거친 면을 만들어줄 수도 있다. 심지어 콘크리트 벽에 흙 미장이나 석회 미장을 하기 위해서 콘크리트 전용 고접착 핸디코트나 시멘트 미장을 먼저 한 후 톱니 모양의 도구로 긁어 금을 긋기도 한다.

　나무 판재나 골조 위에 흙 미장을 하면 당장은 붙지만 얼마 못 가서 떨어진다. 이 문제를 해결하기 위해서는 갈대 발, 망, 철망 등을 미장 와셔나 못으로 먼저 부착해야 한다. 면적이 좁은 목구조 위나 창문의 돌출된 윗부분에 미장을 할 때는 작은 못이나 타카핀을 촘촘히 박아서 물리적으로 미장이 걸칠 수 있게 쐐기를 만들어야 한다. 두터운 흙벽이 움푹 파인 부분에 두껍게 흙 반죽을 붙여 보수할 때는 흙벽을 막대로 찔러 크고 작

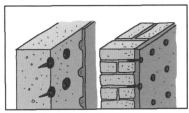

벽에 구멍을 뚫거나 쐐기를 박거나 타공판을
붙인 형태

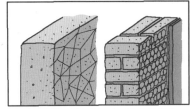

못을 박고 실을 건 형태와 금속 망을 붙인 형태

규칙적인 금을 긋거나 벽돌 접착 골을 파낸 형태

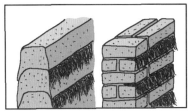

벽을 만들 때 미장 부착을 위해 섬유를 끼워
넣고 축조한 형태

왕골 발을 부착한 형태와 전통 초벽 형태

 벽체에 미장 반죽이 잘 달라붙도록 다양한 방식으로 물리적 요철을 만들어준다.

은 잔 구멍을 만들거나, 나무못을 촘촘히 박은 후 미장하기도 한다. 기존
의 미장 면에 덧미장을 할 경우 사정상 이도 저도 할 수 없을 때 쇠솔이
나 톱니 흙손으로 북북 긁어 금을 긋고 미장을 해야 한다. 이렇게 바탕 벽
면에 물리적 접착 자리를 만들어두어야 미장 반죽이 오랜 세월 동안 견
딜 수 있다.

다시 한 번 강조하지만 미장 반죽의 점성이 높다고 무조건 좋은 것은 아니다. 오히려 과한 수축으로 균열과 탈락의 원인이 될 수 있다. 적당한 반죽의 점성과 바탕면의 물리적 요철이 중요하다.

석고 보드 처리 방법

미장은 단지 재료와 반죽의 혼합비를 아는 것으로 충분치 않다. 바탕 벽면의 특징을 파악하여 그에 따른 적절한 처리를 해주고 적합한 재료로 반죽을 만들어 발라야 한다. 특히 석고 보드나 합판 위에 미장할 때는 수분을 흡수해서 팽창하기 때문에 주의해야 한다. 물기가 많은 미장 반죽을 그대로 석고 보드나 방수 처리 되지 않은 합판에 바르면 미장이 부풀어 오르거나 쉽게 깨질 수 있다.

미장을 계획했다면 석고 보드나 합판이 아닌 미장 전용 타공판을 추천한다. 이미 석고 보드나 합판으로 시공되어 있다면, 얇은 망사나 플라스틱 메시를 타카핀으로 촘촘하게 굴곡 없이 부착한 후 내수성 있는 석고 보드용 고접착 석고 퍼티(일명 핸디코트)로 여러 번에 걸쳐 10~15mm 두께로 미리 발라두는 것이 좋다. 그리고 굳기 전에 톱니 주걱으로 긁어 금을 내준다. 특히 석고나 합판이 맞닿은 면은 망사 테이프를 붙이고 이 위에 핸디코트와 목공풀을 혼합해서 발라주어야 접착부 균열이 생기지 않는다.

벽면의 전 처리

바탕 벽면의 특성에 따라 미장을 위한 전(前) 처리 방식이 달라진다. 바탕 벽면이 흙벽이거나 이미 미장한 벽면, 벽돌 벽, 돌 벽이라면 전 처리는 반드시 필요하다. 미장을 발랐을 때 건조한 벽면이 미장 반죽의 수분을 흡수하면서 지나치게 빨리 건조되지 않도록 미리 물을 발라두어야 한다. 흙 미장이든 석회 미장이든 시멘트 미장이든 너무 빠르게 마르면 바탕면에서 탈락되기 쉽고 균열이 생길 수 있다.

전 처리를 하는 또 다른 이유는 미장 반응을 돕기 위해서다. 바탕 벽면을 전 처리하면 흙 미장과 바탕 벽면이 쉽게 반응하여 더 강하게 접착한다. 바탕 벽면의 물 분자와 미장 반죽의 물 분자 사이에 응결이 일어난다. 바탕 벽면에 분무기로 물을 골고루 뿌리되 물이 흐르지 않고 흡수되도록 반복 분사한다. 흙물일 경우에는 빗자루나 큰 대형 붓에 묻혀 뿌리듯이 바른다.

볏 짚단을 쌓아 벽체를 만드는 스트로베일(strawbale) 건축의 경우 흙물을 뿌려서 약한 짚단을 촉촉하면서도 어느 정도 꾸둑꾸둑 굳게 해야 한다. 왕겨와 흙 반죽을 섞어 다진 왕겨 다짐 벽, 흙물이나 석회물을 볏짚과 버무려서 다진 볏 짚단(rammed straw/light cob) 벽체 역시 표면이 약하기 때문에 점성이 높은 된 흙물을 바르고 굳혀서 표면을 단단히 잡아준 다음 흙 미장을 시작해야 한다. 볏짚과 진흙을 버무려 벽을 쌓는 거섶흙(cob) 벽체나 흙을 틀에 담고 다져 벽을 쌓는 담틀 벽체, 벽돌 벽체는 표면이 단단하기 때문에 물을 충분히 발라 흙 미장 반죽과 반응이 쉽도록 돕고 지나치게 빨리 건조되지 않게 해주는 것으로 충분하다. 단, 벽돌 벽이 너무 매끄럽다면 벽돌 사이를 긁어서 물리적 요철을 만들어야 한다.

수성 페인트가 이미 칠해진 내벽에 덧미장을 하면 수분을 빨아들이며 페인트 도막이 불거나 바탕 벽면에서 탈락될 수 있다. 수성 페인트를 칠한 벽은 오히려 물기를 빨아들이지 못하도록 처리해야 한다. 접착력도 좋고 방수성도 있는 밀크 카세인 풀(카세인을 물, 석회와 혼합하면 풀이 된다)을 모래와 섞어 바르거나 시중에 판매되고 있는 접착성과 방수성을 갖춘 하도제(primer)로 밑칠을 하고 물리적 요철을 만들어야 한다.

흙벽의 단열

건축물에서 벽체로 빠져나가는 열 손실이 35% 정도라고 한다. '바늘구멍으로 황소바람 든다'는 말이 맞다. 과거 전통 한옥의 초벽 벽체는 틈이 많고 벽체 두께도 얇았다. 이 때문에 춥고 웃풍이 심했다. 옛날에는 창호지를 불린 후 찹쌀 풀이나 율무 풀에 적셔 벽 틈새를 메우거나, 창이나 문틈에 문풍지를 발랐다. 그렇게 해도 전통 가옥의 초벽 벽체 두께가 기껏 9~12cm 정도라 춥기는 마찬가지였다. 이러한 단점을 해결하고 초벽의 단열 성능을 높이기 위한 방법들이 다양하게 개발되었다.

벽체를 자연 재료로 단열하는 방법은 의외로 간단하다. 볏짚을 이용하는 것인데 볏짚은 농촌에서 쉽게 구할 수 있고 흙 반죽에 볏짚을 많이 넣을수록 단열성이 높아진다. 그러나 이 방법으론 부족하다. 만약 새롭게 초벽 흙집을 짓는다면 전통적인 방식과 다르게 두꺼운 나무 골조 안팎으로 대나무나 잔가지로 심을 짜 넣고, 그 사이에 천연 단열재를 채워 넣는 방식으로 단열성을 높일 수 있다. 이 방식을 국내에서는 이중 심벽(초벽)이라 한다. 채워 넣는 단열재는 왕겨, 왕겨 훈탄, 볏짚, 톱밥, 목편(wood chip), 대마 섬유, 양 털, 심지어 헌 옷이나 폐섬유까지 다양하다. 왕겨, 왕겨 훈탄, 톱밥은 밖으로 새어 나올 수 있어 심벽 안쪽에 부직포를 부착하고 이 재료들을 채워 넣거나, 왕겨, 톱밥, 볏짚, 대마 섬유 등을 접착성 있는 짙은 석회물이나 된 흙물과 버무려 채워 넣는다. 이러한 재료들은 벽

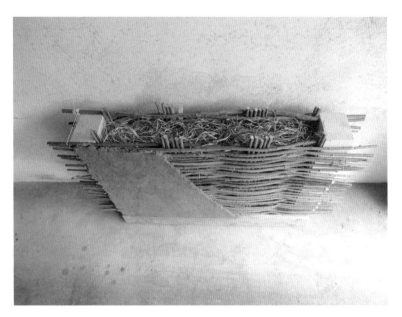

🗲 단열을 위해 거친 목질계 섬유를 채워 넣은 이중 심벽

체 내부에 공기층을 만들어 단열성을 높인다. 이후 안팎으로 미장을 해서 벽체를 완성한다.

볏짚 다다미 속판이나 갈대 보드, 왕골 보드도 천연 단열재로 자주 사용된다. 얇은 초벽에 왕골이나 갈대, 볏짚으로 만든 두꺼운 판재를 덧붙여 단열성을 높이는 방법이다. 자연 재료 판재가 현대 건축에서 자주 사용하는 스티로폼을 대신한다. 자연 판재를 기존 벽체에 그대로 부착하기보다는 좀 더 안정된 접착을 위해 벽체에 성글고 얇은 왕골 발이나 갈대 발을 부착하고 여기에 흙과 볏짚을 섞어 미장한 후 자연 판재를 붙인다. 다른 방법으로 기존 벽체에 목상(받침목)을 짜 붙이고 이 사이에 흙과 볏짚을 섞어 미장한 후 자연 판재를 붙이기도 한다.

판재를 붙일 때는 못이 파고들지 않도록 넓은 고리를 못에 끼우고 박는다. 이렇게 붙인 두꺼운 왕골, 갈대, 볏짚 등 자연 판재 위에 다시 여러 겹 흙 미장을 해서 단열 벽체를 완성한다. 볏짚 다다미 속판에 미장할 때는 잘 붙지 않기 때문에 금속 망이나 그물 망, 플라스틱 메시를 다시 부착하고 미장해야 한다. 왕골 보드나 갈대 보드는 독일에서 많이 사용하고, 국내에서는 볏짚 다다미 속판을 종종 사용하는데 비싸기 때문에 양궁장에서 과녁판으로 사용했던 것을 재활용하곤 한다. 이 방법은 기존의 노후하고 얇은 벽체의 단열을 보강하는 방법이다.

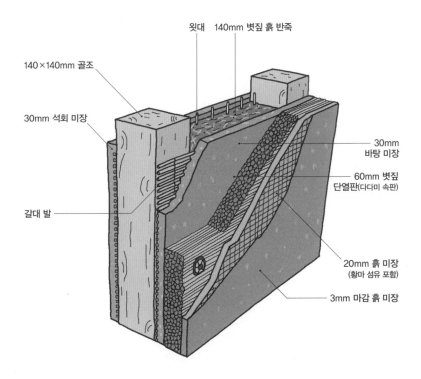

단열을 보강하기 위해 갈대 발을 부착하고 미장한 후 자연 판재를 붙인 형태

5

반 드 시
알 아 야 할 3단 계
기 본 흙 미 장

이제 본격 흙 미장 실전에 들어가자. 흙 미장
은 동서양을 불문하고 대개 3단계에 걸쳐 바른다. 각 단계별 미장을 초벌
(1차), 재벌(2차, 중벌), 정벌(3차, 마무리, 마감)이라 부르는데 딱 세 번 바른다
는 뜻이 아니다. 미장의 목적에 따라 세 가지 다른 미장 반죽을 각기 다른
두께로 바른다는 뜻이다. 재벌 미장이라도 두세 번에 나누어 덧바르고,
정벌 미장의 경우도 여러 번에 나누어 바르기도 한다. 각 단계마다 미장
은 목적과 바르는 두께가 다르고, 재료가 다르고, 배합 방법과 배합 비율,
바르는 방법이 조금씩 다르다.

여기서 제시하는 기본 미장법은 한옥의 초벽 시공을 전제로 정리했다.
흙 건축 장인들은 미장법에 대해 각자 다른 의견과 배합 비율을 제시한
다. 내가 제시하는 재료와 재료의 배합 비율도 하나의 제안일 뿐 절대적

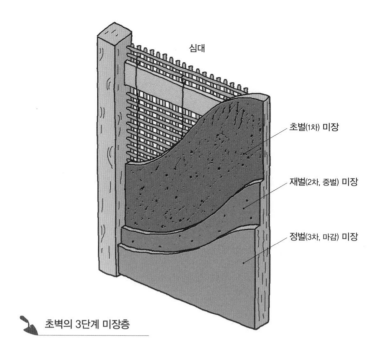

심대

초벌(1차) 미장

재벌(2차, 중벌) 미장

정벌(3차, 마감) 미장

초벽의 3단계 미장층

인 표준이 될 수 없다. 세상의 어떤 흙도 같지 않고, 미장을 바르는 바탕 벽의 조건도, 기후도 다르기 때문이다. 장인마다 표현하고자 하는 미장 벽체의 모습도 다르다. 자연 속의 흙은 지역별로 성분이나 특성, 포함된 골재의 크기와 비율이 각기 다르기 때문에 미장 전에 반드시 소량으로 배합해 실험해 보아야 한다.

미장의 두께

흙 미장의 두께는 어느 정도가 적당할까? 아무리 찾아봐도 명확한 답을 찾을 길 없다. 역시 정답은 없다. 풍부한 문화와 발전된 기술의 특징은 입체적이고 다양한 면모를 갖는 데 있다. 전통 기술은 특히 그렇다. 지역에 따라 상황과 조건, 자연적 제약이 각각이고, 그 때문에 각지에서 발전한 기술에 차이가 있을 수밖에 없다. 본래 질문으로 돌아가자. 각 미장 단계마다 적정한 흙 미장의 두께는 얼마일까? 여러 사례를 참조한 대략적인 평균을 알아두는 것으로 대신하자.

초벌 미장의 두께는 대로 심을 엮은 초벽이라면 최소 10mm 이상, 이미 바탕벽이 만들어져 반반한 벽이라면 3.5~5mm 정도면 적당하다. 초벌 미장은 벽체 두께를 형성하는 역할을 하며, 바탕 벽면에 미장이 잘 붙도록 접착성이 높아야 한다. 초벌용 미장 반죽의 접착력이 높고 미장 두께가 너무 두꺼우면 마르면서 벌어지고 터지기 쉽다.

재벌 미장은 균열이 없고 반반하게 고른 평활 면을 제공하고, 미장에 구조적 힘을 더하는 데 목적이 있다. 대개 8~15mm 내외로 두텁게 바른다. 물론 한 번에 바르지 않고 여러 번 덧바르며 두께를 더한다. 재벌 미장이야말로 미장의 살이다. 물론 더 얇은 재벌 미장도 적지 않다.

마감 미장, 즉 정벌 미장은 미장 벽 맨 바깥쪽에서 비바람과 햇빛을 버텨내는 역할을 하며, 아름답게 치장한다. 두께는 1~3mm 내외다. 1mm 이하로 얇게 바르는 경우도 많은데 흙손으로 바르는 칠에 가깝다.

초벽의 미장 두께를 모두 합치면 19~28mm인데, 안팎 미장 두께를 합치면 38~56mm이다. 초벽의 중앙에 들어간 윗대와 엮은 삼 줄의 굵기를 감안하면 초벽의 전체 두께는 7cm 내외가 보통이다. 이 정도 두터운 초벽을 균열이 적게 만들려면 한 번에 흙 미장을 바르지 않고 여러 단계로 나누어 발라야 한다. 아무리 최적 배합이라 해도 한 번에 바르는 미장 두께가 두꺼우면 마르면서 결국에는 갈라진다. 미장도 칠처럼 얇게 여러 번 말려가며 덧바르는 것이 상책이다.

초벌(1차) 미장

재료 흙, 볏짚, 물, (모래)

비율 흙 1, 볏짚 0.4~0.6, 물 1.25, (모래 1 이하)

앞으로 제시하는 재료의 배합 비율은 특정하지 않을 경우 부피를 기준으로 한다.

초벌 미장은 초벽의 바탕이 되는 엮은 윗대(심대)에 바르는 미장이다. 무엇보다 접착력이 높아야 하고, 엮은 대 사이로 반죽이 삐져 들어가 걸칠 정도로 유연성이 있어야 한다. 점성이 높은 흙을 사용하되 구멍이 15mm인 체에 쳐서 사용한다. 흙은 마르면서 각지 흙의 특성에 따라 5%에서 심지어 23% 정도까지 수축한다. 이때 크고 작은 균열이 생긴다. 모래를 넣으면 균열이 줄어들지만 초벌 미장엔 대개 모래를 넣지 않는다. 만약 모래를 넣는다 해도 재벌에 비해 상대적으로 적은 양(흙 양과 같은 양 또는 그 이하)만 넣는다. 모래를 많이 넣으면 접착력이 떨어진다. 건업사에서 판매하는 미장사는 미리 체에 쳐둔 것이기 때문에 초벌 미장에 그대로 사용할 수 있다.

볏짚을 많이 넣으면 모래 없이도 균열을 잡아주는 효과가 있다. 다만 너무 많은 생볏짚을 현장에서 바로 섞어 미장 반죽을 만들면 접착력이 떨어지고 바르기 불편하다. 이런 문제를 해결하기 위해 초벌 반죽을 만들 때는 흙, 볏짚, 물을 섞은 후 비닐로 덮어 최소 1주일 이상 숙성시켜 두었다가 사용한다. 초벌〉재벌〉정벌 순으로 볏짚 굵기를 달리한다. 초벌에서 가장 굵은 볏짚을 사용하는데 대략 검지 길이 정도(5~6cm)로 잘라서 사용한다. 굴곡이 많은 흙부대나 벽돌 벽, 돌을 쌓은 석벽 등 요철이 심하고 채울 틈이 많다면 볏짚 길이는 더 길어도 상관없다. 합판이나 석고 판재, 시멘트 벽이라면 더 짧아도 된다. 전반적으로 긴 볏짚은 흙 미장으로 모양을 내거나 창 주위 형태를 잡을 때 사용한다. 한 번 작두로 자른 볏짚을 다시 예취기로 휘저어 가늘고 짧게 분쇄한 볏짚은 재벌 미장에, 체에 친 미세한 볏짚은 정벌 미장에 사용한다. 아주 긴 볏짚은 창 윗부분이나 흙으로 조형을 만들 때 사용한다.

흙, 물, 볏짚, 모래를 혼합할 때는 한꺼번에 넣지 말고 각 재료들을 조금씩 넣어가며 배합하면 골고루 섞을 수 있다. 물도 마찬가지로 한 번에 넣지 말고 조금씩 나눠서 반죽의 점성과 농도를 보아가며 넣는 게 기본이다. 다른 재료들을 배합 통에 넣기 전에 가장 먼저 물을 약간 넣어야 바닥 구석에 흙이나 모래가 섞이지 않고 남아 있는 문제를 방지할 수 있다.

재벌(2차, 중벌) 미장

[재료] 흙, 모래, 볏짚, 물

[비율] 흙 1, 모래 1.5~2, 볏짚 0.4~0.7, 물 0.6~1

재벌 미장은 초벌 미장 면에 바르는 두 번째 미장이다. 재벌 미장은 구조성이 중요하다. 흙 미장에 모래를 혼합하면 미장 벽을 견고하게 만든다. 재벌 미장에 사용하는 흙은 초벌보다 좀 더 고운 흙이다. 대략 6mm 체에 쳐서 사용한다. 재벌에는 초벌과 달리 모래를 많이 넣는다. 모래와 흙 입자가 촘촘히 밀도 높게 채워지면 균열을 줄여주고 벽체의 구조력을 높인다. 건재상에서 구매할 수 있는 미장사를 한 번 더 체에 쳐서 입자 크기가 1~2mm 정도인 고운 모래를 쓰는 것이 좋다. 다만 모래가 너무 많으면 접착성이 떨어져서 부슬거리고 벽체가 너무 딱딱해져서 유연성이 떨어진다. 그 결과 지진이나 진동에 견디는 힘이 약해진다. 이러한 문제를 해결하기 위해 재벌 미장을 할 때도 흙, 물, 볏짚을 섞어 숙성시켜 두었던 반죽을 모래와 다시 섞어 사용한다. 재벌 미장에 사용하는 볏짚은 1cm 길이로 자른 후 예취기로 파쇄해서 사용한다.

정벌(3차, 마감, 마무리) 미장

재료　흙, 모래, 볏짚, 물, (토성 안료)

비율　흙 1, 모래 0.5~1, 볏짚 1/3~1/4, 물 1, 안료 적당량

정벌 미장은 최종 마무리 미장이다. 비, 바람, 햇볕을 견뎌야 하며, 1~2mm 이하로 얇고 색상과 질감이 드러나는 미장이다. 모든 재료는 아주 고운 체에 쳐서 가장 고운 입자와 미세 볏짚을 골라 써야 한다. 입자 크기가 미장 두께에 결정적 영향을 주기 때문이다. 흙은 체에 친 미세한 흙 분말을 쓴다. 젖은 흙은 고운 체에 걸러지지 않고 뭉치기 때문에 고운 입자를 내기 어렵다. 미분토를 따로 구매해서 사용하거나 흙을 물과 섞어 아주 묽게 액상으로 만든 다음 체에 걸러서 사용한다.

　모래는 1mm 이하 크기의 미세한 실리카 모래를 사용한다. 모래를 거의 넣지 않거나 모래 배합 비율을 반으로 줄일 수도 있다. 모래를 적게 넣거나 넣지 않으면 균열이 생길 수 있는데, 미장 두께를 최대한 얇게 발라서 균열을 줄인다. 아무래도 균열은 두께에 크게 영향을 받는다. 정벌 미장은 마감이기 때문에 외부의 충격이나 비바람에 곧바로 노출되는데 모래가 많으면 쉽게 부슬거리고, 빗물에 쓸려 내려갈 수 있다. 외벽이라면 빗물에 약한 풀도 미장 반죽에 사용하지 않는다. 대신 흙과 볏짚, 물을 미

리 혼합해서 오랫동안 숙성시켜 사용한다. 숙성시키는 과정에서 볏짚의 천연 접착 성분인 셀룰로오스, 리그닌, 규사 성분이 나와서 풀을 대체할 수 있고 빗물에도 강해진다.

볏짚은 짧게 잘라 다시 채에 친 1~3mm 이하의 것을 사용하거나 고추 분쇄기에 넣어 으깬 것, 예취기로 간 것을 사용한다. 미장 반죽은 초벌, 재벌에 비해 묽다. 경험이 많은 장인들은 정벌 미장에 볏짚을 섞을 때 교반기로 아주 된 반죽 상태에서 혼합하다가 조금씩 물을 더 추가해서 반죽을 묽게 만든다. 소소하지만 중요한 작업 요령이다. 그래야 볏짚이 뭉치지 않게 섞을 수 있고, 교반하는 과정에서 더 잘게 부술 수 있다. 묽은 반죽의 정벌 미장은 나무 골조와 닿는 부분에서 수축이 크게 일어날 수 있기 때문에 닿는 부분만큼은 모래를 조금 더 넣은 반죽으로 우선 발라야 한다. 그다음은 본반죽으로 1회 바르고, 다시 위 아래로 2회 더 바른다. 마지막으로 무거운 흙손을 이용해서 안정된 자세로 부드럽게 마감하면 끝이다. 이때 흙손의 무게를 얹힌다는 느낌으로 흙손을 진행한다.

일본의 유명 미장 장인인 사토 히로유키(佐藤ひろゆき)는 가업을 이어받아 미장 장인의 길을 걷는 동시에, 대학 공학부에서 연구를 계속하여 박사학위를 딴 특이한 미장 장인이다. 현재 일본미장조합연합회 청년부 고문이고 교토미장협동조합 이사다. 《토벽 · 미장 작업과 기술》을 썼다. 2008년 5월 박사학위를 수여받으면서 교토 전통의 경벽 흙 미장(泥状京壁)에 관한 논문을 냈다. 경벽(京壁)은 교토 주변의 아주 미세한 색토와 고운 모래를 이용한 마감 미장을 말한다. 점토, 모래, 물, 볏짚을 혼합해서 7일 이상 침지 발효시켜 점성과 내수성을 높인 미장법이다. 그의 논문을 보면 경벽 흙 미장에 혼합하는 볏짚의 양은 전체 재료 양의 8%(중량

기준) 이상이고, 가장 적합한 침지 발효(숙성) 기간은 14일이다. 이 경벽의 조습 능력, 즉 습기 흡착 용량은 미장 재료의 단위무게당 1% 정도다. 볏 짚이 흙 속에서 발효될 때 셀룰로오스, 규사, 리그닌 등이 분리되면서 볏 짚은 부드러워지고 경벽 흙 반죽의 점성은 높아진다. 또한 상대적으로 비에 더 강한 미장 벽을 만들 수 있다.

색토 미장

옛날에 정벌 미장은 흙 색상 그대로 마무리하는 게 일반적이었다. 요즘 은 마무리 미장 반죽에 안료를 추가한 색토 미장이 선호되고 있다. 안료 는 대개 전체 미장 반죽의 10%를 넘지 않게 넣는데, 원하는 색상에 따라 배합량이 달라지기 때문에 접착성을 크게 잃지 않는 선에서 적당량 넣는 다. 반죽하며 나오는 색을 보아가며 토성 안료나 산화계 안료를 넣는다. 안료는 따로 물에 치약처럼 개어둔 것을 배합하는 것이 좋다. 짙은 색을 내고자 할 때는 황토 혹은 적토에 짙은 색 안료를 혼합하고, 밝은 색을 내 고자 할 때는 백토(고령토)에 밝은 색 안료를 넣는다. 이때 물을 한 번에 넣지 않고 반죽의 물기를 보아가며 조금씩 넣는다. 정벌 미장 반죽은 흙 손에 미장 반죽이 진득하게 붙지 않고 잘 미끄러져 내려가되 줄줄 흐르 지 않는 정도의 묽기다. 미장 반죽이 흙손에 붙으면 미장 작업성이 떨어 지고 미장이 자꾸 겹치게 되어 얇게 바르기 어렵다. 너무 줄줄 흐를 정도 여도 바르기 어렵고 나중에 균열이 생기기 쉽다.

6

흙 미 장 을
바 르 는
방 법

흙 미장을 벽체에 바르는 작업은 흙손으로 흙 반죽을 바르는 그 이상의 작업을 포함한다. 흙 미장 작업은 보양하기, 물 축이기, 반죽 바르기, 금 긋기, 면 고르기, 누르기, 문지르기가 있다.

보양하기

창, 문, 서까래, 바닥의 오염 방지를 위해 미장 반죽이 묻지 않도록 종이 테이프, 넓은 비닐이 붙은 커버링 테이프, 넓은 비닐 포장이나 박스 따위를 미장 작업 전에 붙이거나 깔아둔다. 적지 않은 시간이 걸리지만 보양 작업을 꼼꼼히 해두면 뒷일이 줄어든다.

바탕면에 물 축이기

금 그어 요철 만들기

거칠게 바르기

(나무 흙손이나 플라스틱 흙손 사용) 반반하게 하기
물때를 보아 눌러주기

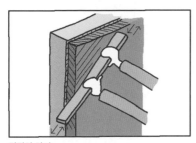

평평히 하기

스테인리스 흙손으로 문질러 반반하게 하거나
광택 내기

 다양한 미장 작업들

물 축이기

바탕 벽면이나 전 단계 미장 면이 건조할 경우, 미장 반죽이 쉽게 마르는 것을 막고 벽면과 미장 반죽의 반응 및 접착성을 높이기 위해 솔이나 붓,

분무기로 미리 물을 바르거나 뿌려두는 작업이다.

반죽 바르기
쇠 흙손으로 미장 반죽을 벽면에 바르는 작업이다.

금 긋기(요철)
미장 반죽이 물리적으로 바탕 벽면 또는 이전 단계 미장 면에 잘 접착할 수 있도록 거칠게 금을 그어 요철을 만드는 작업이다.

면 고르기(평활)
거칠게 바른 미장 면을 평평하게 펴는 작업이다. 보통 면이 넓은 나무 흙손이나 마름모 무늬가 바닥에 나 있는 평활용 플라스틱 흙손, 또는 면이 넓은 나무판으로 크게 돌려가며 면을 문질러 고르게 한다.

누르기(압착)
면을 고른 후 어느 정도 물기가 빠져나가면 흙손으로 다시 눌러 면을 잡아주는 작업이다. 보통 현장에서는 '물때를 보아가며 눌러준다'고 말한다. 물기가 빠져나가며 남은 미세한 공극을 없애주고, 미장의 접착력과 강도를 높여줄 뿐 아니라 균열을 예방한다.

문지르기(연마/광택)
거의 굳은 미장 면을 반복해서 흙손으로 문질러 눌러주면 광택이 난다. 이렇게 연마하면 발수성을 갖게 되어 물이 쉽게 침투하지 못한다.

단계별로 세부 흙 미장 작업을 살펴보자. 미장할 바탕면 주위에 오염 방지를 위해 보양 작업을 해둔다. 초벌 반죽을 바르고 어느 정도 꾸둑꾸둑해지면 평활 면을 만들기 위해 면이 넓은 나무 흙손이나 평활용 플라스틱 흙손, 넓은 나무판으로 면을 둥글게 돌려가며 문질러 고른다. 아주 중요한 작업이다. 전 단계 미장 면이 고르지 않으면 다음 단계 미장 면을 평평하게 만들기 어렵다. 면 고르기를 하면 거칠게 바른 미장 면의 높은 부분은 깎이고, 낮은 부분은 채워지며 평평해진다. 그다음 적당히 물기가 빠지면 흙손으로 누르며 문질러준다. 미장 면이 완전히 마르고 난 후 거칠고 성근 쇠솔이나 긁개로 긁어서 금을 긋는다. 재벌 미장을 위한 물리적 요철을 만드는 작업이다. 초벌 미장은 모래를 적게 넣거나 전혀 넣지 않은 반죽을 사용하기 때문에 마르면서 거친 균열들이 일어나는데 이것은 재벌 미장을 위한 요철 역할을 한다. 초벌 미장의 경우 대개는 따로 금을 긁어주는 작업을 생략한다. 만약 면을 긁어주었다면 먼지를 털어내고 적당히 물을 분무해 두면 다음 재벌 미장을 위한 준비가 끝난다.

재벌 미장을 할 때도 초벌 미장 때와 같이 넓은 흙손으로 거칠게 바른 후 나무 흙손으로 둥글게 문지르면서 미장 면을 평활하게 하고, 30분 정도 지난 후 쇠 흙손으로 눌러주며 문질러 표면을 단단하고 매끄럽게 만든다. 만약 재벌 미장 단계에서 마감 미장 없이 미장을 끝내려면 아직 미장이 젖어 있을 때 경계면 미장을 흙손으로 살짝 누르면서 오염 방지를 위해 붙여놓았던 종이테이프(또는 커버링 테이프)를 떼어낸다. 그런 다음 조금 시간 간격을 두어 4회 정도 미장 면을 살짝 눌러주며 문지른다. 미장 반죽에 습기가 남아 있을 동안에 현장 주변을 깨끗이 청소하고 닦아내야 뒤처리가 수월해진다. 재벌 미장 위에 다시 마감 미장(정벌)을 하려 한다면 거친 쇠붙이로 금을 그어 물리적 요철을 만들어둔다.

정벌(마무리, 마감) 미장 반죽은 묽기 때문에 면 고르는 작업 없이 얇고 평평하게 바른다. 물론 이때도 물때를 보아 눌러주며 반복해서 문지른다. 거의 면이 굳어갈 때 유연한 스테인리스 흙손으로 압력을 주어 반복해서 문지르면 어느 정도 광택이 난다. 24시간 후 미장이 거의 말라가고 있을 때, 스펀지를 물에 축여 짜낸 후 미장 면을 가볍게 문질러주면 볏짚이 드러나며 아름다운 무늬가 생긴다. 미장이 완전히 마른 후 벽면이 비나 물기에 잘 견딜 수 있도록 아마인유를 수차례 바른다. 내벽에 바르면 미장 면에서 먼지가 나는 것을 방지한다.

다른 방법으로, 점성이 살짝 있는 애기 맑은 콧물처럼 묽게 쑨 풀을 살짝 덧발라도 미장 면의 먼지를 방지할 수 있다. 된 풀을 바르면 나중에 풀기가 수축하면서 미장이 떨어지고 엉망이 되어버리니 조심해야 한다. 아주 묽은 풀이 된 풀보다 낫다. 풀은 빗물이 닿는 외벽에는 사용하지 않는다. 오랫동안 비에 미장이 노출되면 풀기가 풀어진다.

보양 작업 때 붙여두었던 종이테이프나 커버링 테이프는 보통 마지막에 떼어내는데 테이프를 떼어낼 때 미장이 함께 일어나며 부서질 수 있다. 미리 경계면을 칼로 그어주고, 흙손으로 미장 면을 누른 상태에서 조심스럽게 테이프를 떼어내야 미장이 떨어지지 않는다.

7

소 똥 을
섞 은
흙 미 장

　　　　　전생에 인간은 소의 원수이거나 편애하는 자식이었을 것이다. 인간은 일소를 부리고, 우유를 빼앗고, 고기·뼈·내장까지 먹지 않는 게 없다. 가죽을 벗겨 다양한 용도로 사용하고 심지어 소똥까지! 소똥은 말려서 연료로 사용하고 집을 지을 때 미장 재료로 사용한다. 비위가 약해도 너무 걱정할 필요 없다. 소똥은 인간 똥처럼 그렇게 나쁜 냄새가 나지 않는다. 물론 냄새가 좋다고 말할 수는 없다. 그렇지만 소똥은 마르고 나면 냄새가 완전히 사라진다.

　　배합 사료가 아닌 자연의 푸른 풀이나 건초를 먹인 소라면, 소똥에는 완전히 소화되지 않은 질긴 식물 섬유가 들어 있어 미장 벽의 단열성을 높인다. 천연 소화 효소와 카세인이 섞여 있다. 흙 반죽에 소똥을 섞으면 부드러워지고, 질그릇을 빚으면 강도가 높고 내구성이 높아진다. 소똥을 섞은 진흙으로 가구를 만든 예술가도 있다.

소똥을 섞은 미장 반죽은 점성이 높고 굳으면 엄청난 인장 강도를 갖는다. 게다가 벌레를 쫓는 천연 방충제이자 방부제 역할도 한다. 빗물이 치는 외벽 미장에도 적합하다. 심지어 못을 박을 수 있는 단단한 미장 벽을 만들 수도 있다. 만약 소를 키우는 축산 농가이거나, 인근에 그런 이웃이 있다면 한번 시도해 볼 만하다. 마음의 준비가 되었다면 신선한 소똥을 양동이에 받아 며칠 숙성시켜 두자.

현재도 소똥은 인도에서 집을 지을 때 널리 이용하는 건축 재료다. 소똥과 흙을 섞어 빚은 인도의 벽돌집 가운데 20년 이상 큰 보수 없이 유지되는 집들이 많다. 인도 사람들은 오랫동안 주택의 방바닥과 벽을 소똥으로 문질러 닦고, 소똥으로 미장하고 보수했다. 아마도 이러한 미장은 다량의 흙과 볏짚을 반죽할 때 소를 이용하면서 우연히 시작되었을 것이

소똥과 흙을 혼합한 반죽으로 미장하고 있는 인도 여인

다. 흙 반죽을 밟던 소들이 싼 똥과 오줌을 그대로 사용했을 테니까. 시작이야 어찌 되었든 인도 농가의 소똥 미장법은 다양하고 섬세하게 발전했다. 그중 몇 가지를 소개한다.

소똥 혼합 미장 1

재료   소똥 1, 진흙 3~4, 파쇄한 짚 1, 물 적당량

물과 섞어 3~4일 숙성시킨 후 사용한다. 숙성되는 과정에서 물기가 너무 마르면 조금씩 물을 추가한다.

소똥 혼합 미장 2

재료   소똥 1, 진흙이나 고령토 3, 소 오줌, 물 적당량

며칠 숙성시킨 반죽을 벽돌, 석벽, 흙벽 위에 바른다. 서민들의 경우, 소똥과 소 오줌을 섞은 반죽으로 미장한 위에, 다시 석회와 호로파 씨 정유수액, 사탕수수에서 추출한 비정제 설탕인 재거리(jaggery)를 혼합한 인도 전통의 석회 반죽을 숙성시켜서 덧바른다.

소 오줌을 섞는 칸잔카트의 흙 미장

흙벽에 못을 박을 수 있을까? 인도 케랄라 연안의 데바프리얀 칸잔카트(Devapriyan Kanjankat) 지역의 전통 흙 미장 벽체라면 가능하다. 이 미장법은 진흙에 석회와 왕겨, 소 오줌을 혼합한다.

재료   흙 6, 모래 2, 석회 1, 왕겨 2, 소 오줌 소량, 물 적당량

칸잔카트 미장을 할 때 흙과 모래를 6mm 채에 쳐서 사용하면 더 섬세하게 바를 수 있다. 물을 섞지 않은 상태의 마른 흙과 모래에 물을 미리 섞은 석회 반죽을 추가한 후 골고루 섞는다. 이때 사용하는 석회는 케랄라 연안에서 구한 조개껍질을 구운 석회이기 때문에 탄산칼슘 함량이 높다. 흙, 모래, 석회 반죽을 섞은 혼합 반죽에 물을 조금씩 넣어가며 너무 묽거나 되지 않게 골고루 섞고, 다시 소 오줌과 왕겨를 혼합한 다음 그늘진 곳에서 3~4일간 숙성한다. 이처럼 소 오줌과 왕겨를 혼합하면 흙 미장 벽에 균열이 일어나지 않고 못까지 박을 수 있을 정도로 탄성과 가소성이 높아진다. 이 미장은 주로 마감(정벌, 마무리) 미장에 사용하는데 내·외벽 모두에 사용할 수 있다. 미장 두께는 12mm이다.

소 오줌을 건축에 사용하는 예는 또 있다. 인도에서는 돌 기초를 놓기 전에 토착 소의 소 오줌을 받아서 뿌린다. 대지와 소를 숭상하는 종교와 관련 있겠지만, 실용적으론 소 오줌의 방충 효과 때문인 듯하다. 소 오줌에는 요소 성분 외에도 3~5가지 정도의 유익 미생물이 포함되어 있다. 아시아 지역의 생태건축에서 대나무가 자주 사용되는데 네팔의 대나무-흙 건축 전문 기업 ABARI(http://abari.earth)는 대나무에 벌레가 먹지 않도록 소 오줌으로 처리한다. 대나무를 희석한 소 오줌에 담아두거나 가압 처리하면 대나무 안의 전분 성분을 변화시켜 벌레가 먹는 것을 방지할 수 있다.

아시아 흙 건축에서는 소똥이나 소 오줌 말고도 갓 짠 우유나 치즈를 만들 때 나오는 유청, 카세인을 고급 마감 미장이나 천연 페인트를 만들 때 사용한다. 그 많은 동물들 중에 소를 가축으로 삼은 것은 인간의 탁월한 선택이었다.

와야나드의 항균, 방충 재색 미장

인도 와야나드는 정글 지역이다. 벌레가 많은 곳이다. 집을 지을 때 해충이 들어오지 않게 하는 것이 중요하다. 와야나드의 흙집에 바르는 미장은 해충을 방지하기 위해 세 가지 재료를 사용한다. 암소 똥, 쿠라마브(kulamavu) 나무껍질에서 추출한 수액, 볏짚을 태운 재이다. 볏짚 재는 알칼리성을 띠며 회색빛을 내는 안료로도 사용한다. 쿠라마브는 페르시아 마크란타(persea macrantha)라고도 불리는 녹나무과 식물이다. 근육통이 있을 때 붙이는 파스의 주성분인 페놀 성분을 다량 함유하고 있다. 항균, 항진균 효과가 높다. 전남 지방에도 녹나무들이 있으니 그 수액을 활용해 볼 만하다. 소똥 역시 방충, 방부 효과가 있는 것으로 알려져 있고, 접착성을 높인다. 와야나드의 흙집에서 다른 곳보다 특히 방바닥을 미장할

🔨 소똥과 흙을 혼합한 마감 미장 반죽을 바른 벽체

때 이 항균, 방충 재색 미장을 자주 사용한다.

❶ **1차 미장** : 진흙, 쌀겨, 약간의 모래를 혼합한 반죽으로 미장한다.

❷ **2차 미장** : 진흙, 암소 똥, 쿠라마브 나무껍질 수액을 혼합한 반죽으로 미장한다.

❸ **3차 미장** : 암소 똥, 쿠라마브 나무껍질 수액, 볏짚 재나 그을음을 혼합한 묽은 미장을 바른다.

4부

이런저런 흙 미장

1

다 양 한
풀 을 섞 은
흙 미 장

흙 미장에 풀을 섞는 것은 한국, 일본, 독일, 영국 등 전 세계에서 흔한 일이다. 점성을 높이기 위해 풀을 넣는다 생각하겠지만 풀의 효과는 그 이상이다. 미장 반죽의 점성을 높여주는 것은 물론 보수성을 높인다. 보수성이란 반죽에 포함된 수분이 빠지는 것을 잡아주는 성질이다. 풀을 넣으면 미장이 지나치게 빨리 건조되면서 균열이 일어나는 것을 방지하는 효과가 있다.

또한 적정한 농도로 풀을 섞으면 흙손으로 바르기 편하다. 하지만 풀이 들어간다고 무조건 작업성이 높아지는 것은 아니다. 풀을 넣었더라도 된 반죽은 작업성이 떨어진다. 이 때문에 풀 혼합 미장은 일반 미장보다 물을 좀 더 넣는다.

풀을 섞으면 미장 벽면에서 먼지가 나는 것도 방지한다. 흙 부스러기가 떨어지는 것을 막기 위해 반죽할 때 풀을 넣지 않고 미장 면 위에 풀칠하는 이들도 있다. 이때 너무 된 풀을 쓰면 마르면서 수축되어 미장 흙과 함께 일어날 수 있다. 미장 면 위에 풀을 덧바를 때는 점성을 간신히 느낄 수 있을 정도의 묽은 풀을 발라야 한다. 흙 미장에 넣는 풀의 종류와 특성을 살펴보자.

찹쌀 풀

벼농사를 많이 하던 중국, 일본, 동남아시아 지역에서는 종종 쌀풀을 미장에 혼합했다. 덥고 건조한 지역에서는 밀가루 풀에 비해 쉽게 마르지 않는 찹쌀 풀이 이용하기 편리했다. 쌀풀을 섞으면 '미장 빨이 좋아진다'고 한다. 미장 반죽이 부드러워져 작업하기 좋다는 말이다. 찹쌀 풀은 흙 미장보다는 석회 반죽과 궁합이 맞다. 벽돌 접착용 모르타르를 만들 때 석회와 찹쌀 풀을 혼합하면 건축물의 내구성과 내진성이 높아진다.

중국 고대 건축의 비밀이 장 빙지엔(Zhang Bingjian) 박사와 동료 과학자들에 의해 밝혀졌다. 중국 고대 무덤과 탑, 도시의 성벽은 물론 만리장성 역시 부분적으로 쌀풀과 석회 반죽을 모르타르로 활용했다. 무기질인 석회와 유기질인 쌀풀을 섞으면 아밀로펙틴과 같은 다당류와 탄수화물의 복잡한 혼합물이 만들어진다. 아밀로펙틴은 물성이 안정되고 강도가 높다. 석회의 무기 탄산칼슘과 결합해 일반적인 석회 반죽보다 벽돌, 돌, 기와 등 다양한 건축 자재와 결합력이 높다. 연구자들은 석회와 쌀풀로 만든 모르타르나 미장 반죽이 중국의 고대 건축물을 복원할 때 가장 적합하다는 결론을 내렸다. 1,500년 이상 세월을 거치며 검증된 확실한 건축재이기 때문이다. 물론 흙 반죽에도 쌀풀을 사용할 수 있다. 그렇지만 서민들은 먹기 어려운 묵은쌀이 아니라면 미장에 사용하지 않았을 것이다.

해초 풀

바다가 가까운 우리나라 해안 지역이나 일본의 경우 해초 풀을 사용하기도 한다. 바닷가에 떠밀려 오는 붉은 홍조류 해초의 일종인 진두발이나 애기풀가사리, 우뭇가사리를 물과 섞어 완전히 형태가 사라질 정도로 끓였다가 식히면 풀이 된다. 대용으로 미역이나 다시마로도 풀을 만들 수 있다. 일본에서는 해초를 은행잎과 함께 넣고 푹푹 끓여 풀을 만든 후, 식히고 말려서 분말로 만든 것을 판매한다. 해초에 은행잎을 함께 넣어 끓이는 것은 방부성과 항균성을 높이기 위해서다. 분말 해초 풀에 찬물을 섞어 사용할 수 있다. 우리나라는 전주 지역 한지 재료상들이 해초 풀을 만들어 물컹한 반액상 형태로 담아 판매한다.

카세인 풀

낙농업이 발달한 서구에서는 치즈를 만들 때 떨어진 것들로 카세인 풀을 만들어 미장 반죽과 혼합한다. 카세인은 커피 크림으로도 사용하고, 육류 접착제로도 사용한다. 카세인과 석회 또는 붕사를 물과 함께 섞으면 점성이 높은 풀을 만들 수 있다. 석회를 넣으면 탁한 풀이 되고, 붕사를 넣으면 맑은 풀이 된다. 카세인 풀을 미장 반죽에 섞어 바르면 표면이 마치 실크처럼 부드러워진다. 카세인 풀은 점성이 높은 모래 풀도 만들 수 있다. 카세인 풀을 모래와 섞어 돌이나 벽돌, 시멘트 벽 등 바탕 벽면에 전 처리할 때 사용한다. 카세인 풀을 흙과 섞으면 내수성이 크게 높아져 흙으로 세면대를 만들 수도 있다. 보통 외벽 미장에는 풀을 사용하지 않지만 카세인 풀은 사용할 수 있다. 굳은 카세인 풀은 뜨거운 물로는 씻을 수 있지만 차가운 물로는 쉽게 씻어낼 수 없기 때문에 빗물에 잘 견딘다. 그러나 카세인을 값싸게 구하기 쉬운 낙농가가 아니라면 엄두 내기 어렵다. 국내에서는 카세인을 구하기 쉽지 않고 가격도 비싸다.

카세인 풀을 만들 때는 먼저 카세인 양의 10~15배 이상 물을 넣고 하루 이상 불린다. 카세인 푼 물을 휘저으며 조금씩 석회 가루를 추가한다. 손으로 만졌을 때 비누액처럼 미끈거릴 정도까지 넣은 후 30분 정도 기다린다. 처음엔 점성이 거의 느껴지지 않지만 시간이 지나면 점성이 커진다. 점도가 너무 높을 때는 물로 희석한다. 붕사를 카세인과 반응시켜 풀을 만들 때는 붕사를 넣은 물을 중탕으로 가열하며 녹인 후 카세인을 푼 물에 혼합한다.

나무 풀, 선인장 풀

바다에서 멀고, 농사도 낙농도 어려운 거친 산악 지대에서는 느릅나무처럼 점성 있는 수액이 나오는 나무의 껍질을 끓여 나무 풀을 만들었다. 남아메리카 지역의 사막 지대에서는 선인장 껍질을 벗겨내고 끈적한 속살을 발효시켜 풀로 사용한다.

밀가루 풀

밀 농사가 발달한 지역에서는 밀가루 풀을 주로 사용한다. 현대 생태건축가들이 미장 반죽에 가장 자주 혼합하는 풀이기도 하다. 켈리 러너(Kelly Lerner)가 작성한 〈노스웨스트 생태건축길드의 초보자를 위한 자

연마감법(Northwest Eco building Guild Retreat-Natural Finishes for Beginners)〉에 나오는, 흙 미장에 넣는 밀가루 풀의 제조법과 혼합 비율을 소개한다.

❶ 찬물 2, 밀가루 1로 혼합한다.
❷ 물 1.5를 끓인다.
❸ 밀가루를 넣은 찬물에 끓는 물을 추가하여 계속 식히며 저어준다.
(혼합비는 중량을 기준으로 한다.)

풀을 섞은 흙+모래 미장

[재료]　흙, 모래, 밀가루 풀(액상), 물

[비율]　흙 1, 모래 2, 풀 0.3~1, 물 1~1.5

[특징]　내벽용

(부피 기준. 단, 물의 양은 절대적이지 않다.)

흙 미장 반죽에 균열을 줄여주는 볏짚이나 기타 섬유재를 넣을 수 없다면 어떻게 해야 할까? 미장 면을 긁어서 음각 문양을 만들고자 할 경우 볏짚이 들어 있으면 긁을 때 오히려 방해가 되는데 방법이 없을까? 미장에 광택을 낼 때도 대개 마감 미장에 섬유재를 넣지 않는다. 광택을 내기 위해서는 미장 면을 문지르며 연마해야 하는데, 볏짚 등 섬유가 밀리면서 미장 면이 부서진다. 그렇다고 볏짚이나 다른 대체 섬유재를 넣지 않은 채 모래를 많이 넣고 균열을 잡으려면 반죽의 점성이 낮아지고 부슬거리기 쉽다. 강한 색상을 내기 위해 많은 안료를 추가해도 점성이 떨어진다. 이럴 때 미장 반죽에 풀을 넣으면 균열을 줄이고 점성이 떨어지는 문제도 해결할 수 있다. 뿐만 아니라 흙먼지가 생기는 것을 막을 수 있고, 미장 작업성, 보수성도 좋아진다.

풀의 양은 절대적이지 않다. 사용하는 흙의 특성과 풀의 농도에 따라 달라질 수 있기 때문에 사전에 벽에 발라보고 건조 상태를 보아가며 조정해야 한다. 흙손에 반죽이 들러붙지 않고 미끄러지듯 미장 반죽을 벽면에 바를 수 있는 정도의 점성이 적합하다.

일본의 노리츠치 미장법

재료 흙(미분토), 모래(미분 실리카 모래), 해초 풀, 물

비율 흙 1양동이, 모래 1양동이, 해초 풀 분말 2kg, 물 10ℓ

(양동이의 용량은 70ℓ)

노리츠치(のり土)는 '해초 흙'이란 뜻이다. 해초 풀을 넣은 흙 반죽은 내벽의 정벌(마감) 미장에 주로 사용하는데 점성이 무척 높다. 보통 흙손으로 두 번 정도 덧바른다. 마지막에는 얇고 낭창한 스테인리스 흙손으로 표면을 가볍게 다듬는다. 바르다가 미세한 흙손 자국이 생겨도 마르면서 사라지는 특성이 있다. 간혹 아주 미세한 볏짚이나 다른 섬유재를 추가하기도 한다. 흙손의 바닥이 반원으로 둥근 나무 흙손이나 스테인리스 흙손 또는 스티로폼으로 만든 간이흙손으로 살짝 미장을 띄우듯 문지르면 잔잔한 물결 무늬를 만들어낼 수 있다. 해초 풀은 홍조류 해초와 우뭇가사리를 주로 사용하는데 다시마, 미역을 푹 끓여서 쓰기도 한다.

2

재 와

흙 으 로 만 든

천 연 시 멘 트

시멘트가 도입되지 않았던 시절, 전통 부뚜막
은 어떻게 만들었을까? 돌과 흙을 쌓아 만들었겠지만 자주 물이 닿을 수
밖에 없는 윗부분은 어떻게 미장했을까? 물론 흙과 석회를 섞은 미장은
강하고 내수성이 있다. 하지만 가난한 서민들이 조선 시대 말까지도 귀
했던 석회를 사용하기는 어려웠을 것이다.

일본 히로시마에서 일본 전통 가옥의 화덕인 가마토를 보게 되었는데,
광택이 나는 어두운 잿빛으로 미장되어 있었다. 안내인에 따르면 그 검
은 잿빛 광택 미장이 시멘트를 전혀 사용하지 않은 전통 흙 미장이라 했
다. 게다가 불과 물에 모두 강하다고 했다. 도대체 어떤 미장법일까? 호
기심만 품고 있다가 몇 년이 지난 후 우연히 실마리를 찾았다. 전남 장흥
에 살고 있을 때 지인의 부탁으로 오래된 구들을 다시 놓는 일을 한 적이

있다. 이때 아궁이와 구들이 있던 방바닥을 들어내고, 구들 고래에 쌓여 있던 흙을 파내어 다시 방바닥을 미장할 때 사용했다. 그 흙에 석회와 모래, 물을 더해서 반죽했는데 퀴퀴한 홍어 썩는 냄새가 났다. 뭐가 잘못되었나 생각했지만 미장이 굳고 나서도 전혀 문제가 없었다. 마치 시멘트처럼 반들반들 잿빛이 돌면서 균열 없이 단단했다. 물을 뿌려도 스며들지 않고 물방울이 맺힐 정도로 발수성도 높았다.

문득 어릴 적 기억이 떠올랐다. 시골 부엌에 나무를 때는 아궁이가 있었는데, 부엌 바닥은 우둘투둘했지만 반들반들하고 아주 단단했다. 아궁이에서 나온 나무 재와 흙, 물이 발길에 밟히면서 자연스럽게 섞이고 반응했을 거란 생각이 들었다. 부뚜막을 만들 때도 자연스럽게 나무 재와 흙을 섞어서 미장했을 것이다. 실마리를 붙들고 나무 재를 섞은 흙 미장에 대해 조사했다. 나무 재와 흙을 섞은 미장은 놀라웠다. 세계 곳곳에서 사용하고 있는 전통 미장이었고, 현대 건축에서도 활용하고 있는 천연 시멘트의 기원이었다.

튀니지안 시멘트

가장 먼저 찾은 미장은 튀니지안 시멘트다. 시멘트라 했지만 석회와 모래, 나무 재와 물을 섞은 것이다. 튀니지에서는 지금도 서민들이 비싼 시멘트 대신 사용한다. 견고하고 발수성이 높다.

> **재료** 석회 3, 모래 1, 나무 재 2, 물

나무 재를 섞은 흙 미장 사례들을 찾아보니 조금씩 배합 비율에 차이가

있었다. 나무 재 대신 왕겨 재나 볏짚 재를 사용한 사례도 있었다. 석회를 섞는 경우도 많았다. 모래를 섞지 않은 것은 얇은 마무리(정벌, 마감) 미장에 사용하고, 모래를 섞은 것은 재벌(중벌) 미장에 사용하면 적당하다.

초벌 흙 5, 석회 1/2, 왕겨 재 1/2, 물

재벌 흙 5, 석회 1/2, 나무 재 1/2, 물

정벌 흙 2½, 석회 1/2, 모래 2½, 나무 재 1/2, 물

지오폴리머 시멘트

나무 재를 섞은 흙 미장이 전통적이면서도 현대적인 이유는 이 미장이 일종의 지오폴리머 시멘트(geopolymer cement)이기 때문이다. 지오폴리머 시멘트는 물속에서도 빨리 굳는 특수 시멘트다. 야외에서 단시간에 굳어야 하는 항공 활주로 긴급 보수나, 강물에 교각을 세우는 데 사용한다. 지오폴리머 시멘트에 주목하는 이유는 포틀랜드 시멘트처럼 많은 에너지를 투입해서 재료를 굽지 않아도 만들 수 있는 대안 시멘트이기 때문이다.

지오폴리머 시멘트는 수산화나트륨($NaOH$), 규산소다(Na_2SiO_3), 규산(SiO_2), 알루미나(Al_2O_3) 성분이 혼합된 흙을 반응시켜 만들 수 있다. 예전에 피라미드에 관한 과학 다큐멘터리를 본 적이 있는데 고대 이집트에서 백토(카올리나이트), 탄산나트륨(Na_2CO_3), 소석회($Ca(OH)_2$)를 상온에서 반응시켜 천연 시멘트를 만들었다고 한다. 탄산나트륨과 소석회가 반응해서 수산화나트륨이 생성되고 이것이 다시 점토와 반응하는 것이다. 이와 같은 반응이 나무 재를 섞은 흙 미장에서도 일어난다. 나무 재나 볏짚 재

를 물에 풀어놓으면 양잿물이 생기는데 양잿물의 주성분이 수산화나트륨이다. 왕겨 재나 볏짚 재는 무정형 실리카, 즉 규사를 90%나 함유하고 있어서 미장 재료의 입자들이 응집하는 데 중요한 역할을 한다. 모래의 주성분이 규사이고, 대다수 흙 속에는 알루미나 성분이 포함되어 있다. 여기에 석회를 추가하면 지오폴리머 시멘트를 만들 때와 비슷한 반응이 일어난다.

　나중에 알게 된 사실인데 나무 재를 섞은 흙 미장을 할 때 반드시 주의할 점이 있다. 수산화나트륨은 피부를 녹일 정도로 위험한 강 염기성 물질이다. 강 염기성인 양잿물은 피부를 상하게 하고 마시면 죽을 수 있는 독극물이다. 게다가 수산화나트륨을 반응시켜 만든 지오폴리머 시멘트는 오랜 기간 동안 수산화나트륨을 뱉어내기 때문에 아무래도 실내에 사용하면 건강에 해롭다. 잘 알지 못하고 방바닥에 미장한 것은 큰 실수였

나무 재와 흙을 섞어서 만든 벽돌

다. 나무 재를 섞은 흙 미장은 비에 자주 노출되거나 습기와 자주 접촉하는 야외 공간에 제한해서 사용해야 한다.

그럼에도 이 반죽법은 유용한 가치가 있다. 나무 재를 흙과 모래, 석회와 잘 섞으면 고강도 벽돌을 만들 수 있다. 분쇄한 유리 조각을 섞어서 특별한 벽돌이나 바닥재를 만드는 사람도 있다.

화산재를 섞은 흙 바닥 미장

재료　석회 1, 거친 모래 4, 포졸란 재료 0.33

영국 데번은 영국의 전통 농가주택인 코티지 하우스로 유명한 곳이다. 데번흙건축협회는 코티지 하우스의 보존과 수리에 열정적인 단체인데 이곳에서 방바닥 미장 방법을 발표했다. 이 단체에서 소개한 방법의 특징은 포졸란 재료다. 포졸란 재료는 모래의 주재료인 규사와 반응해서 견고하게 접합시킬 수 있는 물질인데, 화산재, 왕겨 재, 나무 재, 도자기 파편 가루, 구운 벽돌 가루, 고온에 구운 고령토 가루가 포졸란 재료다. 고대 로마에서도 화산재가 섞인 화산토와 석회, 모래를 혼합해서 로만 시멘트라 불리는 천연 시멘트를 만들어 사용했다. 최근 프랑스에서는 로만 시멘트를 상업적으로 만들어 천연 시멘트란 이름을 붙여 판매하고 있다.

영국 데번의 방바닥 미장이나 로만 시멘트 모두 한 번 불에 타고 남은 재나 구운 흙 가루를 사용하는 미장법이다. 만약 포졸란 재료를 실험하고 싶은데 나무 재나 왕겨 재, 화산재를 구하기 어렵다면 내화 재료상에서 샤모트(chamotte)를 구입해서 사용해도 된다. 샤모트는 프랑스어인데 내화 점토를 말한다. 1,300~1,500℃의 고온으로 구워서 아주 부드럽게 만든 구운 흙 가루다. 최근 시멘트 회사들에서도 다양한 포졸란 재료를 판매하고 있다.

3

향신료와
설탕을 넣은
흙 미장

　　　　　　　"중국엔 설탕을 넣은 홍탕 미장이 있답니다. 타일처럼 단단하다네요."

　김유익 선생이 페이스북에 글을 남겼다. 그는 중국 광저우에 살면서 한중일 문화 교류를 위해 활동하고 있다. 그의 초대로 상하이에서 워크숍과 강연을 한 적 있고, 연구 조사를 함께 한 적도 있다. 그 덕분에 서양에 치우쳤던 것에서 벗어나 일본, 중국, 인도 등 동아시아의 기술 전통으로 관심을 돌리게 되었다.

　김유익 선생이 전해준 바로는 황토, 석회, 모래를 섞은 삼화토에 설탕을 구워 물에 푼 홍탕을 섞거나 달걀 흰자를 흙에 섞어서 강도를 높이는 중국 전통 미장법이 있다고 했다. '설탕을 구우면 녹을 텐데? 설탕물을 섞었다는 이야기인가?' 그 이상은 김유익 선생도 잘 알지 못했다. 작정하고 자료를 찾던 중 중국뉴스네트워크를 통해 푸젠성 광저우시에서 1741년에 지은 황수 석조건물에 대한 기사를 찾았다. 건물 내부 간벽을 갈색 설탕, 찹쌀, 붉은 흙을 섞어 다짐 공법으로 지었다고 한다. 찹쌀은 만리장성의 벽돌을 쌓을 때도 석회와 섞어서 사용했다지 않은가? 어렴풋이 잡히는 실마리를 따라가다 드디어 대만에서 그 실체를 찾을 수 있었고, 더 나아가 인도의 미장 세계로 다가설 수 있었다.

대만의 홍토니장

대만 류하이위에(劉還月) 선생의 영상(https://www.youtube.com/watch?v=hgC 2d5TbPtQ)에서 설탕을 섞는 홍탕(紅糖) 미장의 실체를 발견했다. 영상은 고대 전통 미장 기법인 홍토니장(紅土泥牆)을 재현해서 화덕에 바르는 내용이었다. 붉은색을 선호하는 중국엔 홍토니장의 종류가 많다. 그 가운데 이들이 재현한 것은 채에 친 붉은 점토에 잘게 자른 볏짚을 넣고, 찹쌀 풀과 짙은 흑설탕 물, 맹물을 순서대로 섞어 되직하게 만든 미장이었다. 아쉽게도 각 재료의 배합 비율은 알 수 없었다.

설탕을 넣는 미장 기법의 발달은 중국 남부와 동남아시아의 사탕수수 농사의 영향이다. 설탕물이 진득하고 굳으면 딱딱해지는 성질에 착안하여 누군가 엉뚱한 발상을 했을 것이다. 볏짚 대신 쌀겨나 마른 잔디를 넣기도 하고, 어떤 이들은 야자나무 섬유를 넣거나 굴 껍질을 태운 재를 넣기도 한다. 각 지역에서 쉽게 구할 수 있는 토착 재료를 사용하는 것이다. 이렇게 현지 재료와 사정에 따라 다양하게 달라지는 점이야말로 토착 기술의 진면목이라 할 수 있다.

향신료와 설탕을 넣는 인도의 미장법

인도의 미장 세계는 신세계였다. 미장에 관한 지식을 확장할 수 있는 계기가 되었다. 인도 미장의 특징은 흙, 석회 외에 설탕 등 의외의 다양한 향신료와 식재료를 섞는다는 점이다. 예를 들어 정제하지 않은 사탕수수 설탕, 허브, 꽃, 씨, 수액, 천연 수지, 젖소를 발효시킨 커드, 소똥, 소 오줌을 재료로 사용한다. 심지어 알로에베라, 선인장, 아라비아 검·쌀·타피오카·밀 등의 전분, 달걀 흰자, 동물 털을 혼합하기도 한다. 여기에 식물안료나 광물 안료, 다양한 색상의 색토를 섞어 색을 낸다. 정글 지역인 인도 와야나드에서는 벌레를 쫓기 위해 녹나무과 식물인 쿠라마브 수액, 암소 똥, 볏짚 재를 흙 미장에 섞는다. 이러한 인도의 흙·석회 미장은 재료의 분자 단위 강도가 높고, 흰개미를 견뎌내고, 물에 잘 견디는 등 많은 장점을 갖고 있다.

인도의 미장법은 크게 네 가지로 분류할 수 있다. 흙 미장, 흙-석회 혼합 미장, 기본 석회 미장, 광택 방수 미장이다. 우선 여기에서는 흙 미장과 흙-석회 혼합 미장에 대해서 다룬다. 인도의 기본 흙 미장은 점토와 가는 모래, 거친 모래를 혼합한 반죽을 주로 사용한다. 흙 미장에 혼합하는 적절한 점토의 비율은 12~30% 정도이다. 여기에 볏짚이나 야자나무 껍질 같은 다양한 천연 섬유를 첨가해서 균열을 줄인다. 그리고 점성과 방부성, 발수성을 높이기 위해서 주로 소똥을 첨가한다. 지역에 따라 접착성을 높이기 위해 타피오카, 타마린드 씨앗에서 추출한 전분, 멀구슬나무의 일종인 님나무, 티크나무 입자나 나무껍질, 나뭇잎을 혼합한다. 흰개미를 쫓기 위해 강황을 넣는 지역도 있고, 녹나무과인 페르시아 마크란타 나무에서 추출한 진액이나 아카시아나무에서 추출한 아라비아

검을 넣어 미장이 마르면서 발생하는 흙먼지를 방지한다. 아마 씨 기름, 코코넛 오일, 님나무 오일로 미장 표면을 덧발라서 빗물에 잘 견딜 수 있도록 방수성을 높이기도 한다.

인도의 타피 미장, 로히 미장

점토와 석회를 혼합하면 강도와 발수성이 높아지고 미장 면은 황금색 또는 볏짚색으로 부드러워진다. 여기에 모래나 볏짚을 혼합해서 균열을 줄인다. 인도의 경우 소 오줌과 같은 유기 혼합물을 더해 재료의 결합을 촉진시킨다. 다양한 허브나 식물성 오일, 식물성 수지나 수액, 전분을 첨가하기도 한다.

인도의 광택 방수 미장인 아라이시(araish) 미장을 하기 전에 바르는 바탕 미장인 타피(thappi)는 한 번 구운 흙을 가루 내서 만든 샤모트를 석회와 혼합해서 사용한다. 사실 흙이 주라기보다는 석회가 주재료라 석회 미장에 가까운데 밝은 흙색이 나는 미장이다. 샤모트는 인도에서 수르키(surkhi)라 부르는데 도자기나 벽돌 공장에서 나온 부서진 벽돌 파편을 곱게 갈거나 진흙 덩어리를 구운 다음 다시 갈아서 만든다. 포졸란 재료라 할 수 있다. 이탈리아 베니스에도 건물 하부 공간의 방수를 위해 화산에 구워진 화산토와 석회를 혼합한 미장이 있다. 한 번 구운 흙에 포함된 수분이 석회와 반응을 촉진하고 결합성을 높인다. 여기에 알로에베라나 선인장에서 추출한 천연 수액을 첨가하면 접착력을 더욱 높일 수 있다. 또는 카두카이(kadukkai)나무의 열매와 비정제 설탕인 재거리를 혼합해서 당밀 반응을 일으켜도 접착력을 높일 수 있다.

타피 미장은 물이 자주 튀는 욕실이나 외벽 하부, 욕조에 많이 사용한

타피로 두들기고 있는 타피 미장

다. 탁월한 방수성을 갖기 때문이다. 타피 미장은 벽에 반죽을 바른 후 완전히 마르기까지 3~4일에 걸쳐 나무 방망이로 계속 두들겨야 한다. 이때 사용하는 나무 방망이의 이름이 타피(thappi)다. 촘촘한 방망이 자국이 남게 되고, 바탕 벽체와 미장이 더욱 단단하게 접착된다. 마르면서 생기는 균열도 잡아준다. 우리나라 흙 건축 중 통나무와 진흙을 쌓아가며 집을 짓는 목심 공법에서 언급되는 맥질과 유사하다.

로히(lohi) 미장은 재료와 혼합 방법은 타피 미장과 똑같은데 석회와 샤모트 가루를 맷돌이나 갈돌에 미세하게 갈아 사용한다는 점이 타피와 다르다. 타피보다 좀 더 묽은 반죽으로 만들어서 빠르게 미장 면 위에 덧바르는 미장이다.

석벽 위에 바르는 수르키

인도 전통 미장에는 빈부 차이가 드러난다. 인도 라자스탄의 화려한 궁궐 미장은 서민의 소박한 농가 미장과 확연히 다르다. 궁궐이나 귀족의 저택에 사용된 재료들은 고급 재료인 석회를 더 사용하고, 첨가하는 천연 재료들도 비싼 재료다. 많은 노동력이 필요하고 그만큼 적지 않은 비용이 든다. 대신 훨씬 아름답고 부드럽고 정교하고 오래간다.

수르키(surkhi) 역시 아라이시 광택 미장 전에 바르는 바탕 미장이다. 벽돌이나 석벽에 첫 번째로 바르는 초벌 미장이다. 석회 반죽에, 한 번 구운 벽돌 가루나 도자기 가루로 만든 흙인 수르키, 고골(gogol)이라 부르는 향, 천연 수지, 호로파 씨를 우려낸 물, 재거리라 불리는 비정제 사탕수수 설탕, 케슐레 풀을 섞어서 수개월 동안 발효시킨 다음 사용한다. 접착성과 강도, 방향성, 방충성을 높인 미장이다.

이 미장 반죽에 사용되는 호로파 씨에는 정유가 들어 있는데 여러 종류의 알칼로이드, 단백질, 지방 등 약 40여 가지 성분이 들어 있다. 성질이 따뜻하고 독이 없어 아프리카·중동·인도 등지에서는 옛날부터 방광과 신장의 병을 치료하는 데 이용했다. 식은땀이 흐르거나 배가 찬 사람을 치료하는 데도 이용한다. 몸속의 혈당과 인슐린의 균형을 유지하는 데 효과가 있으며 체중 조절에도 좋다. 호로파 씨와 잎은 독특한 향과 맛을 내서 향신료로 이용된다. 잎은 익혀서 요리해 먹거나 샐러드, 카레 요리에 넣어 먹는다. 차 또는 술로 만들어 먹을 수도 있다.

재거리 또는 구르(gur)는 인도 전통의 수제 비정제 설탕이다. 대추야자나 사탕수수 즙을 증류해서 정제하지 않고 굳힌 설탕 덩어리다. 재거리는 거칠고 푸슬푸슬한 것부터 바위처럼 단단한 것까지 다양하다. 인도

음식에서 단 음식은 물론 그릴에 구운 고기에 곁들이는 처트니 소스에 이르기까지 재거리를 널리 사용한다. 재거리와 향신료를 혼합하면 설탕 특유의 맛을 잃지 않으면서도 커리의 강렬하고 매운 맛과 균형을 이루며, 심지어 간단한 쌀밥조차 무언가 특별한 음식으로 만든다. 재거리의 맛은 흑설탕 맛이 살짝 도는데 색깔이 짙을수록 거의 초콜릿에 가깝다. 풍부한 광물질의 뒷맛이 오래도록 남는다. 아마도 인도인들은 벽에 바르는 미장조차 음식처럼 다룬 듯하다.

4

버 터 와
기 름 을 바 른
흙 미 장

　　　　　　　시어 버터는 아프리카가 산지인 시어나무 (shea tree)의 열매에서 추출한다. 카카오 버터의 대용품으로 쓰인다. 초콜릿이나 쿠키에 넣으면 상온에서 질감이 오랫동안 유지되고 잘 녹지 않는다. 아프리카 원주민들은 시어 버터를 선크림 용도로 사용하거나 벌레 물린 데 바르기도 한다. 화장품 재료나 아토피, 피부염 치료를 위한 연고에 쓰이고, 류머티즘 치료제에도 시어 버터 성분이 들어간다.

　그뿐 아니다. 텔레비전 여행 프로그램을 보다 보니 가나의 한 마을에 시어 버터를 섞어 미장했다는 흙집이 나온다. 시어 버터를 넣어서 미장하면 발수성과 점성이 높아진다고 한다. 낙농업이 발달된 유럽 농촌에서도 오래되어 먹기 힘든 버터를 석회 미장 반죽에 섞어 넣었다. 심지어 양의 비계 기름을 넣기도 했다. 물에 생석회를 넣어 석회 크림을 만들 때

200도 이상으로 뜨거워지는데 이때 버터나 양의 비계를 넣어 녹인 후 잘 섞는다.

흙 미장이나 석회 미장에서 식물성 기름인 아마인유는 자주 등장하는 재료다. 미장에 넣는 기름은 식물성이든 동물성이든 대개 공기 중에서 응고되는 것을 사용한다. 버터나 지방, 기름이 미장의 미세한 기공을 막아 물기나 빗물에 잘 견디게 한다. 미장할 때도 작업성을 높여 미끄러지듯 잘 발라진다.

미장 반죽에 넣는 기름의 양은 생각보다 적다. 25ℓ 말통에 담은 미장 반죽에 2수저 정도의 아마인유를 넣는다.

아마인유를 바르는 법

아마인유는 흙 건축에서 자주 사용하는 기름이다. 공기 중에서 딱딱하게 굳으며 도막을 형성하는 기경성 기름이기 때문에 미장 면의 발수성과 내구성을 높인다. 아마인유를 바른다고 완전히 방수되는 것은 아니다. 물이 잘 침투되지 않고 물에도 미장이 씻겨나가지 않는 내수성이 생기는 정도다.

흙 미장 벽이나 흙 미장 바닥에 아마인유를 테라핀유에 희석해서 여러 차례 바르면 돌처럼 단단해진다. 바르고 나서 열흘 정도는 견고함이 덜하지만 바르고 나서 3개월이 지나면 긁어도 표시가 나지 않을 정도로 아주 단단해진다. 아마인유를 바를 때는 완전히 미장이 마른 다음 발라야 한다. 미장이 마르기 전 바르면 곰팡이가 생길 수 있다.

아마인유와 테라핀유를 1:1, 그다음은 1:2, 1:3, 1:4 점점 테라핀유 비율을 높여 바른다. 아마인유의 침투성이 그리 높지 않기 때문이다. 이렇게 아마인유를 묽게 만들어 바르면 더 깊게 미장 면에 침투하고 빨리 건조된다. 하지만 아마인유를 바르면 냄새가 심하다. 특히 테라핀유와 혼합한 경우 테라핀유 냄새가 지독하다. 완전히 말라 냄새가 없어지기까지 2주 이상이 걸린다. 좀 더 빨리 마르게 하려면 아마인유를 불이 나지 않게 조심스럽게 가벼운 기포가 생길 정도로만 약불이나 중불로 끓여 습기를 날려준다. 화방에서 유화용이나 목재 도료용으로 파는 아마인유에는 광물성 건조 촉진제가 들어 있으므로 주의해서 선택한다.

주의할 점이 또 있다. 아마인유를 짜내는 아마 씨에는 독성이 강한 청산가리 성분이 미세하게 들어 있어, 이 성분을 미리 제거한 것인지 확인해야 한다. 아마인유를 바르면 흙 미장 벽의 색상이 짙은 갈색으로 바뀌는 것도 단점이다. 그럼에도 다른 기름에 비해 값싸고 성능이 좋아 생태 건축 분야에서 자주 사용한다.

투명하고 맑은 색상의 동유

동유(桐油, tung oil) 역시 기경성 건성유다. 기름오동나무(유동나무) 씨에서 짜내는데, 견고하고 습기에 강해서 주로 가구나 목조 주택의 외벽 마감 도료로 사용한다. 유동나무는 보라색 송이꽃이 피는 오동나무와 달리 작은 무궁화꽃 같은 흰 꽃이 아름답게 피는 정원수이다. 유동나무 열매 씨를 짜서 기름을 내는데, 씨에는 아마 씨처럼 약한 독이 있다. 그렇다고 걱정할 정도는 아니다. 수백 년 동안 아시아에서는 옻칠, 황칠과 함께 주방 식기나 가구의 칠로 사용해 왔다. 중국 남부가 원산지이고, 전 세계 생산량의 90% 이상이 중국에서 나온다. 전남 지방에도 일부 유동나무가 자생한다.

아마인유 이상으로 동유는 점성이 높고 건조가 빠르며 도막이 강하고 탄력이 있다. 옛날부터 장판지나 종이우산에 바르거나, 불 밝히는 등유(燈油), 해충 퇴치, 설사 때 먹는 지사제 등으로 사용되었다. 나무에 바르면 수축과 변형을 어느 정도 막아준다. 근래에 와서는 건축용 페인트나 니스, 인쇄용 잉크의 원료로 사용한다.

동유는 흡착성이 좋아서 석판이나 벽돌 벽, 유리에도 칠할 수 있다. 칠하면 갈색 빛이 도는 아마인유와 달리 동유는 투명하고 맑아서 바탕 무늬나 색상을 그대로 살려준다. 원목 마루나 원목 가구에 바르기 좋다. 순수한 동유를 그대로 바르면 건조되면서 도막 잔주름이 생기기 때문에 송진 기름인 테라핀유나 감귤 껍질에서 짜낸 시트러스 오일과 섞어야 한다. 희석하는 방법은 아마인유와 유사하다.

목재에 바를 때와 미장 면에 바를 때 단계별 희석 농도가 다르다. 목재와 달리 미장 면에 바를 때는 점점 묽게 만들어야 미장 면에 기름을 깊게 침투시킬 수 있다. 동유나 테라핀유, 시트러스 오일 모두 비싼 게 흠이다. 건축 미장에 쓰기에는 아무래도 부담이 될 수밖에 없어 제한적으로 사용해야 한다.

동유는 아마인유보다 건조가 빨라 1주일 정도 걸린다. 동유도 약한 불에 끓여서 수증기를 날린 후 사용한다. 불에 끓이면 동유는 엔진 오일과 같은 점성을 갖는다. 상업적으로 판매되는 동유는 종종 화학 솔벤트나 독성이 있는 광물성 건조 촉진제가 들어 있어 주의해야 한다. 동유는 굳었을 때 아주 견고하지만 미장에 사용할 때 침투력이 아마인유에 비해 크게 낮다. 옛 기록에 동유가 없을 때 생들깨 기름을 살짝 끓여 대용했다고 하는데 요즘 이 비싼 들기름을 미장에 사용하기는 어려울 듯하다.

❶ 동유 색칠(투명한 색) : 동유 1컵, 천연 희석제 1/2컵, 안료 3수저

❷ 동유 색칠(짙은 색) : 동유 1컵, 천연 희석제 2/3컵, 백분 2수저, 안료 1
스푼(차 스푼)

미장 면에 안료를 넣은 동유칠로 색을 낼 수 있다. 안료는 원하는 색의 농
도에 따라 다르게 혼합한다. 우선 약불로 끓인 동유 약간과 안료를 고루
섞어 치약처럼 반죽을 만들고, 그다음 나머지 끓인 동유와 희석제를 섞
는다. 처음 밑칠을 할 때는 얇게 발라야 트지 않고 잘 침투된다. 밑칠이
충분히 굳은 후에 다시 덧칠을 여러 번 한다. 칠할 때는 바람이 잘 부는
곳에서 하거나 통기가 잘되도록 문을 열고 작업한다.

그 밖의 기름들과 성능 비교

아마인유나 동유 외에도 대마유, 호두씨유, 해바라기씨유, 포도씨유, 들
깨기름 등 다양한 기름을 미장에 사용한다. 이들 기름은 요오드 값이나
불포화지방산의 함유량에 따라 건성유로도 분류되고 어떤 것은 반건성
유로도 분류된다. 분류 기준에 대한 논란도 있는데, 건조되는 시간이나
형성된 도막의 견고성에 크게 차이가 난다. 생활 주변에서 쉽게 구할 수
있는 포도씨유나 해바라기씨유, 콩기름은 건성유로 말하기에 논란이 있
지만 시도해 볼 만하다. 생활 주변에서 쉽게 구할 수 있는 재료가 가장 좋
은 재료라는 게 내 지론이다.

몇 가지 기름을 더 살펴보면, 대마유는 침투력이 우수하고 합리적인
강도를 지녔지만 아마인유와 비교해 보면 침투력과 강도가 떨어진다. 호
두씨유는 해외 생태건축가들이 흙으로 반든 벤치나 침상에 바르는 것을

종종 보았다. 호두 기름은 불포화지방산을 많이 함유하고 있는 건성유계 기름으로 점성이 높다. 주로 식용유나 화장품, 향료로 사용한다. 아무래도 호두씨유는 비싸기 때문에 아주 소량이 아니라면 미장에 사용하기는 적합지 않다.

20여 년 전부터 국내 생태건축계에서도 해외 생태건축의 영향을 받아 미장 면을 단단하게 만들고 물에 잘 견딜 수 있도록 기름을 사용해 왔다. 미장 작업성을 높이기 위해 기름을 넣는 경우는 아직 그리 많지 않은 듯하다. 최근에는 치장 미장에 대한 관심이 일어나면서 미장 면에 광택을 내기 위해 기름을 사용하는 사례들이 등장하기 시작했다. 기름을 칠했다 해도 외벽이나 목욕탕이라면 몇 년마다 다시 덧칠해 줘야 하는 것은 어쩔 수 없다. 요즘 나온 코팅 재료나 도료들도 외벽이나 물에 자주 닿는 부분은 수년마다 다시 칠해줘야 한다.

5

물에 견디는 미장,
물로 씻어내는
미장

물은 아이러니하다. 적당히 물을 흙과 섞으면 반죽의 점성을 높인다. 물 분자의 전기적 응력 때문이다. 너무 많은 물을 넣으면 반죽이 흘러내려 바르기 쉽지 않고, 마르면서 미장에 균열이 생긴다. 물이 너무 적으면 미장 반죽이 되직해 미장이 겹쳐지고 고르게 바르기 어렵다.

반죽에 넣는 물의 양을 딱 이만큼이다 정하기도 쉽지 않다. 미장 두께에 따라 물의 양이 달라진다. 미장에 풀을 섞었을 때와 그렇지 않을 때도 다르다. 미장 작업성을 높여주기 위해 기름을 섞었다면 물을 조금 덜 넣어도 된다. 발효 숙성시킨 미장 반죽인지 아닌지에 따라서도 달라진다. 물론 흙의 점성에 따라, 모래의 첨가 여부에 따라서도 넣는 물의 양이 다르다. 참 어렵다. 미장에 넣는 물의 양은 오랜 경험과 감각에 의존하는 암묵지에 속하니 글로 온전히 설명할 수 없다. 물을 섞을 때는 한꺼번에 붓지 말고 반죽을 만져보고 보아가며 조금씩 나눠 넣으라고 말할 수밖에 없다.

완전히 마른 미장 벽이라도 수시로 물이 닿게 되면 허물어지고 훼손된다. 미장 벽에 침투된 물기나 습기를 배출하지 못하면 미장 벽이 탈락된다. 완전히 마르고 나면 물에 닿아도 풀어지지 않는 방수 미장이 있다. 자갈 모양을 드러내기 위해 물로 씻어내서 완성하는 미장법도 있다. 물과 섞인 흙, 모래, 볏짚을 적절하게 띄우거나 눌러 미장 면을 매끄럽게 만들 수 있고, 미장 반죽에 섞인 물 자국으로 모양을 낼 수도 있다. 일본의 미장 장인 슈헤이 하사도는 "미장은 물의 흔적이 남기는 예술"이라고 말했다. 미장에서 물이 차지하는 비중을 단적으로 표현한 말이다.

흙으로 세면대 만들기

흙으로 욕조나 세면대를 만들 수 있을까? 믿기지 않겠지만 독일의 유명한 생태건축가인 밍케(Minke) 교수를 비롯한 많은 사람들이 흙으로 세면대를 만들었다. 물론 흙과 모래만으로는 물에 견딜 수 있는 세면대를 만들 수 없다.

우선 석회가 필요하다. 석회와 흙을 혼합하면 미장 강도가 높아지고 물에 견딜 수 있게 된다. 물론 이것만으로 충분치 않다. 소똥이 필요하다. 소똥에는 소의 위에 있는 소화 효소와 발효된 볏짚과 동물성 단백질인 카세인이 섞여 있다. 이러한 성분들이 흙 반죽의 접착을 돕고 균열을 줄인다. 특히 소똥에 포함된 카세인은 석회와 반응해서 점성을 갖게 되는데 미장 반죽의 결합력을 높인다. 소똥 대신 볏짚과 흙, 석회를 섞고, 카세인과 석회를 반응시킨 카세인 풀로 대체할 수 있다. 적당량의 물에 카세인 가루 1, 석회 1을 풀고 휘저은 후 15분 이상 놔두면 끈적한 풀이 만들어진다. 카세인을 미장 반죽과 혼합하면 접착성, 내수성, 발수성이 높아진다. 일반 풀과 달리 카세인 풀은 한번 굳으면 차가운 물에는 잘 풀어지지 않는다. 하지만 뜨거운 물에 오랫동안 닿으면 녹아내릴 수 있다.

방수 흙 미장 방법을 차례로 살펴보자. 흙과 모래, 석회와 볏짚, 소똥(또는 카세인 풀)을 혼합한 반죽으로 세면대 형상을 만든다. 완전히 건조시킨 후 낮은 불에 가열한 아마인유를 2~3회 덧발라 주고, 마지막으로 밀랍 왁스를 녹여서 발라주면 방수 미장이 완성된다. 아마인유가 굳으면서 도막을 형성해 세면대의 표면을 단단하게 만들고 미세한 기공을 막는다. 거기에 밀랍 왁스를 녹여서 발라주면 세면대의 미세한 기공을 완전하게 막아서 물이 침투하지 않는다.

재료　흙, 석회, 모래, 볏짚, 소똥(또는 카세인 풀), 아마인유, 밀랍 왁스

비율　흙 1, 석회 반죽 1, 모래 4, 소똥 0.2~0.3, 볏짚 1, 적당량의 물

물 자국을 남기는 흙 미장

일본의 마감 흙 미장 중에는 물 자국을 남기는 히키즈리(引き摺り) 마감 미장법이 있다. 초벌, 재벌 미장한 벽면 위에 덧바르는 미장으로 1mm 이하 크기의 고운 모래와 고운 미분토를 사용한다. 여기에 아주 곱게 잘라 채에 친 1~3mm 이하 볏짚을 혼합하기도 한다. 볏짚을 넣을 경우 교반기를 사용해서 아주 된 반죽으로 혼합했다가 물을 넣어주며 묽게 만들어야 고르고 부드러운 반죽을 만들 수 있다.

 미장 면에 물 자국을 남길 때 사용하는 바닥이 둥근 흙손

물이 많이 들어간 미장이기 때문에 가장자리 수축을 줄이기 위해 모래를 많이 넣은 반죽으로 가장자리를 우선 바른다. 그다음은 묽은 본반죽으로 2회에 걸쳐 발라준 후 무거운 흙손으로 부드럽게 눌러 미장 반죽의 섬세한 볏짚 섬유와 물이 살짝 뜨는 느낌으로 면을 잡아준다. 마지막으로 바닥면이 둥근 나무 흙손이나 스티로폼 또는 바닥면이 살짝 굴곡진 스테인리스 흙손으로 닿을 듯 말듯 미장 면을 다듬으면 잔 물 자국이 남는다.

물로 씻어내도 끄떡없는 자갈 노출 미장

세계 곳곳에서 인조 석물을 만드는 기법들이 발전했다. 도끼다시(とぎだし)는 '갈아서 자갈 무늬를 드러내는' 기법이다. 일본을 통해 소개되어 국내에서도 널리 사용되었는데, 과거 사무실 바닥 시공에 사용되던 기법이

다. 시멘트와 콩자갈을 혼합해서 바닥을 만든 후 물을 뿌려가며 강력한 전동 연마기로 갈아낸다. 이렇게 하면 자갈 무늬가 드러나는 동시에 광택이 난다. 연마하는 과정에서 연마 오염수가 다량 흘러나오기 때문에 지금은 금지된 기법이다.

테라조(terrazzo)는 이탈리아에서 유래되었는데 백시멘트에 대리석이나 석회암 부스러기 또는 유리 조각과 안료를 혼합한 다음 갈아내서 유려한 돌 무늬와 색상, 광택이 나는 인조석을 만드는 기법이다. 대리석을 사용하지 못하는 곳에서 경제적으로 견고하게 시공할 수 있는 장점이 있다. 최근에는 에폭시 등 합성수지를 사용해서 테라조를 만들기도 한다.

스칼리올라 역시 이탈리아에서 발전한 인조 대리석 기법이다. 시멘트나 수지 대신 석고와 아교, 안료를 사용하여 천연 대리석보다 더 화려한 대리석 느낌으로 벽체를 미장하거나 가구를 만들 수 있다.

아라이다시(洗い出し)는 '씻어내어 자갈을 드러내는' 기법이다. 도끼다시나 테라조와 거의 같은 공법으로, 굳은 다음 연마기로 갈아내는 게 아니라 완전히 굳기 전에 물을 묻힌 스펀지나 걸레, 솔로 꼼꼼히 반복해서 씻어내어 자갈을 드러낸다. 아라이다시용 반죽은 시멘트, 석회, 안료, 자갈을 혼합해서 만든다. 도끼다시나 테라조와 달리 광택이 나지 않는다.

도끼다시, 아라이다시, 테라조와 같이 시멘트나 합성수지를 사용하지 않고 점토, 석회, 모래, 간수를 혼합한 삼화토(三和土) 흙 반죽에 안료와 자갈을 넣은 후 아라이다시 기법이나 도끼다시 기법으로 자갈 무늬가 노출되는 바닥 미장을 만들 수도 있다.

❶ 기초 위에 흙 1, 소석회 1, 모래 3, 간수액(염화칼슘 0.05+물 0.5)을 혼합한

 삼화토를 이용해서 만든 자갈 노출 미장 바닥

삼화토 반죽을 먼저 두껍게 바른다.

❷ 흙 1, 소석회 1, 간수액을 혼합한 반죽으로 자갈을 코팅하듯 1:2~2.5 비율로 혼합한 것을 평평하게 바닥에 깐다.

❸ 어느 정도 수분이 빠지고 자리를 잡도록 잠시 건조시킨다.

❹ 이 위에 흙 1, 소석회 1, 모래 3, 간수액을 혼합한 반죽으로 자갈이 살짝 드러나는 정도로 얇게 바른다.

❺ 적당히 마르기 시작하면 흙손으로 자갈이 잘 자리를 잡도록 눌러주며 평평하게 다듬는다.

❻ 완전히 굳기 전에 솔, 스펀지, 걸레를 이용해서 자갈이 잘 드러나도록 표면의 미장을 씻어낸다. 이때 너무 많이 힘을 주지 않고 골고루 반복해서 씻어내야 한다.

❼ 최종 마무리할 때는 더 단단한 스펀지로 표면을 씻어낸다.

6

석회,
석고를 섞은
강화 흙 미장

        흙 미장은 많은 장점에도 불구하고 단점이 있다. 빨리 굳지 않고 아무래도 물에 약하다. 부스러지기 쉽다는 점도 약점이다. 흙 미장의 이러한 단점을 해결하기 위해 세계 곳곳에서 오래전부터 다양한 강화 미장법이 개발되었다. 사람들은 흙 반죽에 석회나 석고, 최근에는 시멘트를 첨가해서 흙 미장의 단점을 개선하고자 했다. 대개 이런 강화 미장법은 외부 마무리를 위한 정벌 미장이나, 바르기 어려운 천장이나, 물이 자주 닿는 곳에 이용했다.

  과거 석회, 석고는 비싸고 구하기 어려운 재료였다. 귀족들의 전유물이었고 평민이 사용하는 것을 금지하거나 제한했다. 최근에는 산업적으로 양산하게 되면서 구하기 쉬워졌고 가격도 저렴해졌다.

재벌용 석회 강화 흙 미장

재료 흙, 모래, 볏짚, 물+석회

비율 흙 1, 석회 0.1~0.15, 모래 1.5~2, 볏짚 1/2, 물 1.25

석회를 섞어서 강화시키는 석회 강화 흙 미장은 주로 정벌 미장용으로 이용한다. 따로 정벌 미장을 하지 않고 초벌 미장 후 재벌 흙 미장만으로 마무리하고자 할 때 석회를 추가하는 방식으로 현장에서 적용하기도 한다. 앞서 소개했던 재벌용 흙 미장 반죽에 소량(흙 양의 10~15%)의 석회를 넣기만 하면 끝이다. 이때 석회는 가루 상태로 혼합하지 않고 가능하면 석회와 물을 1:1로 혼합한 반죽 상태로 넣는다. 생석회보다는 미리 생석회를 물에 넣어 수화시킨 소석회를 사용하는 게 안전하다. 석회를 구매할 때부터 건축용 소석회를 구매하면 편리하다. 생석회는 강알칼리이기도 하고 물과 반응했을 때 고온의 열을 내며 끓는다. 소석회는 그런 작업을 미리 해둬서 수화시킨 석회다.

재벌 흙 미장에 석회를 넣어주면 미장의 점성이 높아지고, 미장 반죽이 굳는 양생 속도가 빨라진다. 미장 강도도 높아진다. 방수까지는 아니더라도 발수성이 높아져 물이 잘 침투되지 않고 빗물에도 쉽게 씻기지 않는다. 이런 장점 때문에 석회 강화 미장은 외벽에 자주 사용한다.

또 다른 특징으로, 흙과 석회를 혼합하면 흙 미장 색이 연해진다. 황토와 석회를 혼합하면 마르면서 보기 좋은 황금색 볏짚 색상이 나타난다. 적토와 석회를 혼합하면 살짝 분홍빛 도는 색상이 된다. 석회를 너무 많이 넣으면 전체적으로 뿌연 색감이 된다.

정벌용 석회 강화 흙 미장

재료　흙, 모래, 볏짚, 물+석회

비율　흙 1, 석회 1, (모래 1~3), 볏짚 1/2~2/3, 물 1~1.5

정벌(마감, 마무리)용 석회 강화 흙 미장은 앞서 소개한 정벌용 흙 미장 반죽에 소석회를 흙과 같은 비율로 추가 배합하고, 모래와 볏짚을 기존 양보다 2배 정도 더 넣으면 적당하다. 정벌 미장은 보통 3mm 이하로 얇게 바르는데, 만약 이보다도 더 얇게 바를 거라면 모래를 넣지 않고 바른다. 전통 한식 미장법에서 이와 유사한 반죽으로 만든 벽을 회사벽(灰沙壁)이라 한다. 회사벽은 석회, 백토, 가는 모래를 섞어 바른 미장 벽이다. 좀 더 세분하면 백토를 섞는 경우와 일반 점토나 마사토를 섞는 경우로 나뉜다. 반면 일본의 미장법에서는 모래를 뺀 하이츠치(灰土)와 모래를 넣은 하이나카(灰中)로 구분한다. 둘 다 표백한 볏짚을 사용한다는 점이 특징이다. 일부러 표백했다기보다는 한 해 묵어 색이 바래고 부드러워진 볏짚을 사용한다.

앞에서 설명했지만 정벌 미장은 아주 고운 미장이다. 재벌과 달리 흙도, 모래도, 볏짚도 아주 고운 체에 거른 것을 사용한다. 시간이 없거나 상황이 여의치 않다면 미분토와 입도를 조절한 미세 실리카 모래, 지콘 파이버 같은 제품들을 구매해서 사용한다.

여기에서 제시하는 물이나 볏짚의 양은 대략적인 기준이다. 흙의 점성이나 모래에 포함된 수분, 기후, 볏짚의 상태에 따라 적절한 양이 바뀔 수 있다. 때론 특별한 미장 표현을 위해 일부러 더 많은 볏짚이나 물을 넣기도 하니 그 양을 정할 수 없다. 그러니 반드시 먼저 적은 양으로 여러 표본을 실험한 후 본시공에 들어가야 한다. 표본 미장 실험은 미장 공정에서 필수라는 걸 절대 잊지 말아야 한다.

석고+석회 강화 흙 미장(앨커 기법)

재료　흙, 모래, 석고, 석회, 물

비율　흙 1, 모래 2, 석고 0.3, 석회 0.02, 물 1.5

흙 미장의 단점을 더 꼽으라면 양생에 오랜 시간이 걸리고, 균열이 일어나기 쉽고, 미장 반죽이 무겁다는 점이다. 보통 흙 미장이 완전히 건조(양생)되는 데 최소 15~21일이 걸린다. 흙 미장이 두껍거나, 거섶 흙집처럼 반죽 흙을 두텁게 쌓아서 벽체를 만든 경우라면 거의 반년이 지나야 완전 건조된다. 흙부대 집도 완전히 건조되는 데 수 개월 이상 걸린다. 그리고 흙 미장은 조심스럽게 미장하지 않으면 건조되면서 균열이 발생한다. 흙이 마르면서 성분에 따라 최대 25%까지 수축하기 때문이다. 게다가 물에 약하다.

이러한 흙 미장의 단점을 획기적으로 개선할 수 있는 미장법을 이스탄불의 앨커(Alker)기술대학에서 1978년 개발했다. 대학의 이름을 따서 앨커 기법이라 한다. 앨커 기법은 흙에 소석고와 석회를 섞어서 강화시키는 방법이다. 여러 해 전, 앨커 기법에서 제시한 배합비에 맞춰 재료들을 섞어 실험해 보았는데 결과는 실망이었다. 기대와 달리 균열이 크게 생겼다. 뭔가 이상해서 조사해 보니 이스탄불의 흙은 우리가 접하는 흙과 달리 점토 성분이 10% 이하인 사질토였다. 모래 함량이 무척 높았기 때문에 균열이 일어나지 않았던 것이다. 반면 우리나라의 흙은 점토 성분이 많고 모래 함량이 적기 때문에 충분히 모래를 추가해 줘야 한다.

이 점을 고려하여 배합비를 조정해서 실험해 봤다. 재료들을 반죽할 때 흙, 모래, 물을 먼저 혼합하고, 그다음 석회와 석고 물을 혼합한 반죽을 따로 만들어 나중에 두 반죽을 섞는다. 석고와 석회가 흙이나 모래에 비해 워낙 미량이기 때문에 가루 상태로는 잘 섞이지 않을 수 있기 때문이다. 게다가 석고는 물과 섞으면 단 20분 만에 단단하게 굳는다. 따라서 흙 반죽과 석고를 먼저 섞으면 빨리 굳어져 못 쓰게 된다. 석고를 섞은 미장 반죽은 한 번에 많이 만들어둘 수 없다. 석고 석회 반죽은 소량 만들어서 흙 반죽에 조금씩 넣어주어야 하는 번거로움이 있다.

앨커 기법을 보정한 석고 석회 강화 흙 미장법으로 실험해 보니 확실히 균열이 없었다. 석고가 점토의 수축을 보완하기 때문이다. 석고는 물과 반응하면서 오히려 부피가 늘어났다가 5% 정도 수축한다. 석고와 석회를 섞으니 미장 면도 매끄럽고 깔끔하다. 발수성도 높아진다. 석고는 본래 습기를 빨아들이는 성질이 있는데, 석회를 혼합하고 흙과 반응하면서 석고의 단점이 보완되는 것이다. 석고, 석회, 흙, 모래 등 각기 크기가 다른 입자들이 촘촘하게 자리를 잡으면서 미세한 기공들을 막아주기 때문일 것이다. 물론 완전 방수 성능을 갖는 것은 아니다. 앨커 기법의 단점은 석고를 너무 많이 넣으면 미장 강도가 약해진다는 점이다. 그러나 석회가 석고의 단점을 어느 정도 보완한다.

석고와 석회를 흙과 혼합하는 미장법은 천장 서까래 사이를 미장하거나 보수할 때 쓸모가 크다. 시골집을 수리하면서 천장 서까래 사이를 미장할 때 이 방법을 써서 크게 효과를 봤다. 천장을 미장하는 작업을 한식 미장에서 앙토, 치받이라고 한다. 한식 미장법대로 천장을 미장하려면 흙의 점도, 무게, 수축 등을 고려해 여러 단계에 걸쳐 작업해야 한다. 게다가 초보자의 경우 천장에 붙이는 흙 미장이 자꾸 떨어져서 바르기 쉽지 않다. 석고는 점성이 높고 가볍고 흙과 섞었을 때 균열도 줄여준다. 이점을 활용하면 쉽게 천장을 바를 수 있다.

우선 석고와 흙을 1:1로 물과 진득하게 섞어서 붓으로 천장 서까래 사이의 부슬거리는 부분을 발라준다. 잠시 굳기를 기다렸다가 다시 바르기를 두어 번 반복한다. 이렇게 하면 부슬거려 떨어지려 했던 기존 미장의 파손된 부분을 잡아줄 수 있다. 그다음 석고와 석회, 흙, 모래 반죽을 발라준다. 미장이 빠르게 굳고 수축이 적어 쉽게 천장 미장을 보수하거나 바를 수 있다. 미장 두께 때문에 반죽이 무거워서 미장이 떨어지려 한다면 석고 함량을 높여서 미장 반죽의 무게를 줄인다.

7

시 멘 트 와
흙 을 혼 합 한
근 대 미 장

시멘트는 참 논란이 많은 재료다. 하지만 철강과 함께 시멘트가 없었다면 현대 도시 건설은 불가능했을 것이다. 시멘트의 조상이라 할 수 있는 로만 시멘트는 자연에서 구할 수 있는 화산토와 석회로 만들어졌다. 반면 산업적으로 양산되기 시작한 포틀랜드 시멘트는 제조 과정에서 많은 에너지가 필요하다. 폐기해도 쉽게 자연으로 돌아가지 않는다. 방수 처리를 하지 않으면 시멘트는 습기를 빠르게 흡수하고 아주 천천히 내뱉는다. 흙이나 석회에 비해 시멘트 벽은 기공이 적기 때문에 공기 정화나 흡착, 흡음 능력이 떨어진다. 그럼에도 시멘트는 빠르게 굳고 견고하고 물에 강하다는 장점 때문에 현대 도시에서 가장 널리 사용되는 건축 재료가 되었다.

흙의 느낌과 시멘트의 탁월한 기능을 동시에 기대한 사람들은 두 재료를 혼합했다. 그러나 시멘트와 흙의 혼합은 잘못된 만남이었다. 시멘트와 흙은 궁합이 잘 맞는 재료 같지만 분자 단위에서 단단하게 결합하지 못한다. 시간이 지남에 따라 시멘트와 흙 입자의 결합이 풀리면서 약해지고 부스러진다. 민간에서 시도되는 방법들 가운데, 직관적이지만 과학적 경험과는 거리가 먼 잘못된 선택들도 적지 않다. 그럼에도 이런 시도들은 그 어떤 냉정한 평가에도 불구하고 독특한 건축 풍경을 만들어냈다.

군산에서 발견한 독일 벽 미장

한반도에 처음으로 들어선 시멘트 공장은 일본 최대의 시멘트 회사였던 오노다(小野田) 시멘트가 세웠다. 한일합병 후 1919년 12월 평안남도 승호리 경의선 철로변에 최초의 시멘트 공장이 세워졌다. 당시 생산 능력은 연간 6만 톤이었다. 한반도의 시멘트 산업은 일본이 제1차 세계대전 후 만주와 중국에 진출하기 위한 목적으로 육성되었다. 1942년 삼척에 8만 톤 규모의 시멘트 공장이 세워졌고, 1945년 해방 당시까지 한반도 6곳에 시멘트 공장이 들어섰다. 총 생산 능력은 170만 톤 정도였다. 당시 시멘트는 조선인들이 한 번도 접해보지 못한 신박한 건축재였다. 조선에 진출한 일본인들도 근대 건축물을 지으며 시멘트를 널리 사용했다. 심지어 일본식 전통 주택을 지을 때도 그간 사용해 오던 석회나 흙을 시멘트로 대체한 사례가 늘어났다.

군산 장미 갤러리 공연장은 일제 강점기 시절 일본이 세운 근대 건축물이다. 그 외벽은 독일 벽 미장법으로 처리되어 있다. 독일 벽 미장은 시멘트 반죽을 쓸어 붙이는 미장법이다. 시멘트와 거친 모래를 혼합한 반

🔨 시멘트 반죽을 쓸어 붙여서 마무리한 독일 벽 미장

죽을 대나무 솔이나 쇠솔로 벽에 튀겨 오돌토돌하고 거칠게 바르는 미장
법으로 주로 외벽이나 담장에 적용했다. 시멘트는 흙이나 석회에 비해
빨리 굳고 접착성이 있어 이렇게 튀겨 붙이기에 적합한 재료다. 군산 신
흥동의 일본식 가옥(일명 히로쓰 가옥)의 담장도 독일 벽 미장으로 처리되
어 있다. 본래 그런 것인지 후대에 와서 칠한 것인지 모르겠지만 붉은색
페인트가 덧칠해져 있다.

　시멘트 반죽을 쓸어 붙이는 독일 벽 미장법은 의외로 역사가 짧다. 다
이쇼 말기 일본에서 대유행한 벽 미장법이다. 다이쇼 막부 말기 주자학
자였던 사이토 세츠도(齋藤拙堂)가 외양은 서양의 것을 가져오고 일본 정
신은 안으로 숨겨 일본식과 서양식을 절충하자는 화양절충(和洋折衷)을

주장했다. 그 영향이 대단했다. 요리의 경우 일본의 단팥과 서양의 빵을 혼합한 단팥빵이나 참치를 사용한 카르파초가 대표적이다. 건축의 경우 외관은 서양식, 내부는 다다미와 미닫이가 있는 일본식을 혼합하는 게 대유행이었다. 이때 이 독일 벽 미장이 외벽과 담장에 자주 사용되었다. 내구성이 좋아 외벽이나 담장을 견고하게 보존하거나 낡은 시멘트 블록 벽을 보수할 때 자주 이용되었다. 일제 시대 때 일본인들로부터 배운 조선인 미장공들도 이 기법을 자주 사용했다. 한국도 1970년대까지만 해도 이 방법으로 미장한 담장이나 외벽을 자주 볼 수 있었다. 지금은 일제 시대 근대 건축물이나 아주 오래된 양옥, 지방 도시의 오래된 원도심 지역에서나 드물게 볼 수 있는 미장법이다.

독일 벽 미장법은 주로 시멘트와 모래를 혼합한 반죽을 사용하지만, 흙이 주는 느낌을 완전히 버릴 수 없었던 사람들은 시멘트와 모래, 흙을 혼합하여 독일 벽 미장법을 시도했다. 점성이 높은 흙 미장이나 시멘트로 기본 미장을 반듯하게 한 후, 살짝 물이 빠졌을 때 독일 벽 미장법을 적용했다.

흙받이 위에 미장 반죽을 얇게 펴서 올려놓고 대나무를 잘게 잘라 묶은 솔로 튕겨서 쓸어 붙인다. 가능한 한 재미있는 모양을 만들기 위해 장인들은 힘 조절로 쓸어 붙일 양을 조절한다. 솔은 대나무를 20cm 정도 길이로 자르고 폭 3mm 이하로 쪼개어 가는 대가닥들을 직경 3cm 이하로 묶어서 만든다. 조금 변형된 방법으로 드센 욕실 솔 위에 미장 반죽을 찍어놓고 대나무 자 등으로 튕겨서 붙이는 방법도 있다.

재료 시멘트 3, 흙 1, 모래 6, 물 (또는 시멘트 3, 모래 4.5~5, 물)

대나무 솔로 반죽을 쓸어 붙이는 독일 벽 미장

긁어 마무리하기

흙과 시멘트를 혼합한 일본의 가장 대표적 미장법은 가키오도시(掻き落とし)다. 가키오도시는 시멘트, 흙, 모래를 섞어 미장한 후 쇠솔로 '긁어 마무리'하는 미장법이다. 시멘트, 흙, 모래를 혼합한 반죽이나 규조토를 혼합해서 미장한 후 3~5시간 지나 어느 정도 미장 면이 굳은 다음 강한 쇠솔로 긁어서 자연스러운 질감이 나오도록 하는 기법이다. 이 미장법은 미장 반죽에 섞는 모래나 잔 자갈의 종류와 굵기, 배합을 달리해서 다양한 표면 질감을 표현할 수 있다. 표면을 쇠솔로 긁는 정도에 따라서도 부드럽거나 거친 미묘한 질감 변화를 줄 수 있다. 부분적으로 긁거나 긁지 않을 수도 있고, 긁는 세기를 달리하거나 긁는 방향을 바꾸어도 느낌이 달라진다.

　이 미장법의 특징은 거친 표면 질감과 시간이 지나면서 자연스럽게 '낡아지는 아름다움'이라 할 수 있다. 손이 많이 가는 기법이라 고급 주택의 외벽에 주로 사용한다. 단순히 시멘트와 흙, 모래만 혼합하는 것은 아니다. 최근엔 좀 더 밝은 색상을 표현하기 위해 백시멘트, 석회, 안료를 흙과 섞기도 하고, 접착성과 작업성을 높이기 목질계 화학풀인 메틸 셀룰로오스를 풀 대신 넣기도 한다.

재료　백시멘트 400g, 석회 200g, 흙 200g, 모래 1.2kg, 안료 2g, 메틸 셀룰로오스 0.5g, 물 4kg/m^2

긁어낼 때 사용하는 쇠솔

8

삼 화 토
다 지 기 와
바 닥 흙 미 장

바닥 미장은 무엇이 다를까? 바닥은 우선 벽체에 비해 더 단단해야 한다. 무거운 가구를 세워두거나 끊임없이 발로 밟고 다니기 때문이다. 물기나 걸레질에도 부스러지지 않고 청결을 유지할 수 있어야 한다. 바닥도 여러 종류다. 집 밖 봉당, 신발을 신고 활동하는 입실 공간인 토방, 사람이 앉고 눕는 방바닥이 모두 다르다. 방바닥은 단단하면서도 부드럽고 따뜻해야 한다. 봉당이나 토방은 무엇보다 물에 잘 견디고 단단해야 한다.

삼화토 다지기

재료) 흙, 소석회, 모래, 간수, 물

비율) 흙 1, 소석회 1, 모래 3, 간수액(염화칼슘 0.05+물 0.5)

삼화토(三和土)는 흙, 석회, 모래 세 가지 재료가 조화된 흙이란 뜻인데, 한옥 집 밖의 봉당이나 실내 입실 공간인 토방, 무덤의 회격벽에 주로 사용하는 배합이다. 단단할 뿐 아니라 일단 굳으면 물에 강하다. 일반 미장 반죽과 다른 점은 약간 되직한 반죽을 고르게 바닥에 깔듯이 바른 후 단단한 나무 망치나 공이로 아주 세게 다진다는 점이다. 배합 재료의 입자 사이에 빈 공간이 없도록 단단히 다져서 입자 간 결합과 강도를 높이는 작업이다. 삼화토에 너무 가는 모래는 사용하지 않는다. 모래가 너무 가늘어 모래 입자 사이에 기공이 없어도 문제가 된다. 어느 정도 굵기가 있는 모래를 사용해야 빗물을 서서히 배출할 수 있다.

일본에도 삼화토가 있는데, 우리와 조금 다르다. 우리는 재료에 초점을 맞춰 삼화토라 부르지만, 일본의 경우는 '두들겨 다지는 작업'에 초점을 두어 '三和土'라 쓰고 부르기는 '두들기는 소리를 흉내 내어 '다타키(た たき)'라 부른다. 우리의 삼화토와 일본의 다타키가 또 다른 점은 일본은 모래 대신 소금 침출수인 간수(MgCl₂)를 쓴다는 점이다. 우리의 삼화토는 흙, 석회, 모래 세 가지 재료의 배합을 말하는데, 일본의 삼화토, 즉 다타키는 흙, 석회, 간수 세 가지 재료의 배합을 의미한다. 일본 흙에는 이미 모래가 많이 함유되어 있기 때문이기도 하고, 애초에 마사토를 사용하기 때문이다. 우리도 과거에는 모래를 따로 섞기보다는 모래 함량이 높은 마사토를 사용했다.

간수의 기능에 대해 알아둘 필요가 있다. 간수 속에는 염화마그네슘, 황산마그네슘, 염화칼륨, 염화나트륨, 브로민화 마그네슘 등이 들어 있다. 이런 물질에 너무 겁낼 필요는 없다. 간수는 두부 만들 때도 사용한다. 간수에 가장 많이 포함된 염화마그네슘은 공기 중에서 수분을 흡수해서 녹는 조해성(潮解性)이 있는데, 수분을 흡수하면서 산화마그네슘으로 바뀐다. 이 산화마그네슘은 내화 도기나 마그네시아 시멘트의 재료로도 사용된다.

삼화토는 너무 건조하면 표면이 약해진다. 간수의 염화나트륨이 공기 중 수분을 흡수해서 삼화토로 만든 바닥면의 적당한 습도를 유지하는 역할을 한다. 간수에 미량의 염화나트륨, 즉 소금기가 들어 있는데, 이 소금은 흙 입자들이 서로 결합되는 걸 도와준다. 미량의 간수를 흙과 섞으면 점성이 높아진다. 간수는 삼화토가 겨울에 어는 것도 방지한다. 동결 온도를 낮추기 때문이다. 간수가 들어가면 삼화토를 깐 봉당이 눈이나 비에 맞아 습기를 빨아들인 후 쉽게 얼지 않게 된다. 겨울 도로에 염화칼슘이나 소금을 뿌리는 것도 같은 원리다.

이처럼 흙 반죽에 간수를 넣으면 점성도 높아지고 석회는 물론 흙 속의 다양한 성분들과 결합하면서 시멘트처럼 단단하게 만들고 적당한 습도를 유지하면서 얼지 않게 만든다. 간수는 처음부터 다른 재료와 혼합하기도 하고, 삼화토 반죽을 깐 후 3~4일 지나 어느 정도 말라 굳은 후에 나무판으로 다질 때 아주 조금씩 간수를 물에 희석해서 뿌리기도 한다. 알루미늄 새시와 닿는 곳에는 시공하지 않는다. 간수 성분으로 인해 부식될 수 있다.

> [예시] 마사토 100kg, 소석회 20kg, 천연 간수 1ℓ (시공자, 사용하는 흙, 작업 단계에 따라 석회, 간수, 물의 혼합 비율은 달라질 수 있다.)

구분	예시 1	예시 2	예시 3
작업 단계	1단계	2단계	3단계
간수 농도(물 대비)	1%	2%	3%
소석회	0.3	0.6	1
모래	3	4.5	6
흙	4	5.5	7
물(재료량 대비)	1%	1.5%	2%
소금(염화칼슘)	첨가	비첨가	비첨가

　　미장은 재료의 배합 비율뿐만 아니라 전체 미장 작업 공정을 알아야 한다. 삼화토로 봉당을 깔 때는 7~8cm 두께로 두껍게 깔아야 다양한 충격이나 압력에 견딜 수 있다. 삼화토를 깔기 전에 배수와 통기를 위해 콩자갈과 흙을 섞어 바닥에 우선 8cm 정도 깐다. 삼화토 시공에서는 배수가 중요하기 때문에 바닥에 비닐을 깔지 않는다.

　　삼화토　흙 1.25, 모래 1, 석회 0.1, 간수 0.01~0.03

　　삼화토는 거친 흙과 굵은 모래(또는 흙과 모래를 마사토로 대체), 석회, 간수를 혼합해서 만드는데 색상을 내기 위해 안료를 추가할 수 있다. 천연 간수는 간수 1ℓ에 물 3.4ℓ를 혼합해서 만든다. 혼합 반죽은 살짝 습기가 있는 정도로, 반죽한 흙을 손에 쥐고 뭉쳤을 때 물이 나오지 않으면서 모양이 흐트러지지 않는 정도가 적당하다. 절대 물을 많이 넣지 말아야 한다. 물을 많이 넣을 경우 삼화토의 강도가 약해질 수 있다.

이렇게 삼화토를 준비했다면 앞서 깔아놓은 콩자갈 위에 삼화토를 나누어 깔고 다지기를 여러 번 거쳐서 8cm 두께로 채워야 한다. 실내 토방의 경우는 좀 더 얇게 깔기도 한다. 삼화토를 나누어 깔 때 균열을 방지하기 위해 중간중간 볏짚을 뿌려 넣는 경우도 있다. 삼화토를 수평을 맞춰 깐 후 나무 망치나 공이로 바닥을 두들기면 수분이 떠오르는데 습기가 마르면 다시 또 두들기기를 반복해야 한다. 나무 공이와 나무 망치 등으로 강하게 두드려 다지되 평활을 유지하도록 한다. 여기에 모양을 내기 위해 넓은 석재나 굵고 큰 석재를 박아 넣을 수 있다. 이때 석재 주위를 꼼꼼히 다진다. 삼화토는 두들기면서 두께가 줄어들기 때문에 이것을 감안하여 처음부터 반드시 더 두껍게 깔아야 한다.

삼화토를 다지다 보면 표면이 거칠어지고 곳곳에 자국과 굴곡이 생긴다. 스펀지에 물을 묻혀 문질러서 면을 고르게 펴주고 흙손으로 반질하게 다듬는다. 조금 굳은 후에 다시 흙손으로 문질러주고, 습기가 나올 경우 스펀지로 닦아낸다. 이때 스펀지는 수시로 깨끗하게 물에 빨아서 사용한다. 표면에 자갈이나 굵은 모래가 보이기 시작하고 미장 면이 시멘트처럼 반들거리면 완성이다.

삼화토 시공은 많은 양의 재료와 노동력이 필요한 방법이다. 종종 마무리 단계에서 흙손으로 문지르기 전에 조개껍질이나 굵은 자갈, 검은 자갈 등을 넣고 어느 정도 굳은 후에 자갈에 묻은 흙을 물로 씻어내서 무늬를 내기도 한다. 일본에서는 석회 대신 석고를 넣는 경우도 있고, 석회와 석고, 그리고 색을 내기 위해 안료까지 넣는 경우도 있다. 삼화토는 여름철엔 1주일, 겨울철엔 2주일 정도 건조시켜야 한다. 대략 5일 정도면 사람이 밟을 수 있고, 완전히 굳기까지는 1개월 정도 걸린다. 너무 빨리 마르면 깨지기 쉬우므로 비닐을 덮어주거나 그늘을 만들어주어야 한다. 겨울철인 경우 기온 5℃ 이하에서 시공하지 않는다. 시공 후 다소 표면이 하얗게 밝아질 수 있기 때문에 삼화토 시공 시 안료를 넣어 색상을 조정하기도 한다.

보일러 깐 흙 바닥 미장법

재료 흙, 모래, 자갈, 짚, 안료, 아마인유, 테라핀유, 밀랍 왁스, 스티로폼, 비닐

❶ 기공성 자갈(부석, 화산암석, 콩자갈), 진흙 혼합 다짐(10~15cm)

❷ 농사용 비닐, 스티로폼

❸ 흙 1, 모래 2, 자갈 1, 볏짚 1/2 미장

❹ 보일러 엑셀 배관

❺ 흙 1, 모래 2, 자갈 1, 볏짚 1/2 미장(3회, 6~10cm)

❻ 흙 1, 모래 2, 볏짚 1/2, 석회 0.1 미장(3~5cm)

❼ 풀, 고운 흙 바름(3~4mm)

❽ 아마인유, 테라핀유를 비율을 달리하여 혼합한 후 4회 바름

(위 내용은 바닥 기초부터 위로 작업 순서이다.)

방바닥은 땅으로부터 올라오는 습기를 막고 겨울철 냉기도 막아야 한다. 잘 부스러지지 않아야 하고 물걸레질도 잘 견뎌야 한다. 일반 미장보다 어렵고 꼼꼼한 보완 조치가 필요하다. 방바닥 미장을 하기 위해서는 처음 기초 바닥을 단단하게 다지고, 10~15cm 두께로 붉은 부석(pumice)이나 화산암석(scoria), 이것도 없으면 콩자갈을 약간의 진흙물과 섞어서 면

저 깔아야 한다. 이러한 기공성 자갈들은 단열재 역할을 하며 바닥에서 습기가 올라오는 것을 막아준다. 이 위에 방수 및 방습을 위해 농사용 비닐을 깔고, 다시 비닐 위에 단열을 위해 아이소핑크 스티로폼을 틈 없이 깐 다음 스티로폼과 스티로폼 틈 사이를 전용 테이프로 붙여 벌어지지 않게 한다.

이제부터 본격적인 바닥 미장이다. 흙 1, 모래 2, 자갈 1, 볏짚 1/2을 배합한 반죽을 스티로폼 위에 두텁게 깐다. 여기에 보일러 배관을 배설할 수 있다. 이 위에 다시 세 번에 걸쳐 미장을 하는데 미장 두께는 최소 6~10cm 이상이다. 미장이 완전히 마른 후 균열이 생기면 다시 미장을 해서 균열을 보수하는 방식으로 두께를 높여간다. 그다음 층은 흙, 모래, 볏짚, 약간의 석회를 1:2:1/2:0.1 비율로 혼합해서 3~5cm 두께로 바른다. 다시 이 미장 면이 어느 정도 마르면 3~4mm로 얇게 아주 고운 흙과 풀을 섞어 바른다. 만약 이때 균열이 생긴다면 같은 반죽으로 균열이 생긴 틈을 메꾼다.

이제 물걸레질도 가능하고 잘 부스러지지 않게 기경성 오일인 아마인유로 강화시키는 단계다. 바닥이 충분히 마르지 않은 상태에서 아마인유를 바르면 곰팡이가 생길 수 있으니 주의해야 한다. 미장 바닥이 완전히 마른 후에 네 번에 걸쳐 아마인유를 테라핀유와 혼합해서 발라주면 단단하게 굳고 물걸레질도 할 수 있다. 바닥에서 먼지도 일어나지 않는다. 이때 배합 비율은 아마인유와 테라핀유 1:1, 그다음은 1:2, 그다음 1:3, 1:4로 테라핀유의 비율을 높여가며 바른다. 아마인유는 냄새가 많이 나고 거의 한 달에 걸쳐 마르기 때문에 오랫동안 환기시켜야 하는 단점이 있다. 아마인유 대신 오동나무 기름, 대마 기름, 호두 기름, 들깨 기름 등 공기 중에서 딱딱하게 도막을 형성하는 기경성 기름을 발라도 된다. 어느 기름을 사용하든 실내 공기를 건조하게 유지해야 하며 냄새가 빠지도록 문을 열어두어야 한다. 만약 난방을 하지 않는 방이라면 마지막으로 밀랍 왁스를 아마인유와 섞어서 바르면 더 부드러운 바닥 면을 만들 수 있다.

5부
석회 미장

1

돌 벽에 바르는 영국의 석회 미장

석회는 오랫동안 아주 비싼 재료였다. 석회석이나 굴 껍질을 가마에 넣어 고온으로 구워서 곱게 분쇄하고, 다시 물에 넣어 수화시킨 후 사용해야 하기 때문이다. 만드는 데 땔감이 많이 들고, 노동력이 많이 필요한 석회는 동서양 모두 귀족이나 부자들의 미장 재료였다. 서민 대다수가 흙 미장을 하거나 거기에 더해 마무리로 묽은 석회칠(lime wash)을 하는 정도였다면, 부자들은 초벌 흙 미장 위에 석회로 재벌, 정벌 미장을 하거나 처음부터 끝까지 석회로 미장했다.

벽돌이나 돌로 지은 집인 경우 흙보다 석회 미장이 궁합이 잘 맞았다. 여러 가지 성분이 뒤섞인 흙과 달리 석회는 균질한 단일 재료라 혼합 비율에 따라 결과를 예측할 수 있었다. 석회 미장은 집을 하얗고 깨끗하고 밝게 만들었다. 게다가 석회는 흙에 비해 빗물에 강한 재료다. 무엇보다 공기 중의 이산화탄소와 결합해 오랜 시간이 지나면 석회암으로 변하기 때문에 고대 석조 건축을 선망하는 이들에게 하나의 대안이었다. 석회 미장으로 다양한 질감의 돌 느낌을 표현할 수 있고 광택이 나는 대리석처럼 벽을 만들 수 있기 때문이다. 석회를 다루는 장인에 따라 셀 수 없을 정도로 아주 다양한 석회 미장법이 생겨났다.

서양의 석회 미장과 동양의 석회 미장에 큰 차이가 있는데, 서양의 경우 모래 배합량이 높고 볏짚보다는 동물의 털을 혼합했다. 석회 미장 벽을 연마해서 광택을 내거나 미장 벽을 조각할 때 볏짚이 들어가면 방해가 되기 때문이다.

영국의 다양한 석회 미장 배합

영국 남부 데번은 코티지 하우스와 코브(cob) 하우스로 유명하다. 코티지 하우스는 한옥처럼 목구조에 초벽의 외를 엮고 흙 미장한 후 석회로 마무리하거나, 돌 또는 벽돌로 벽을 쌓고 석회로 마무리한 농가 주택이다. 코브 하우스는 짚과 흙을 버무린 거섶 반죽으로 벽을 쌓은 집이다.

데번흙건축협회는 전통 농가들을 보존하는 데 앞장서고 있다. 이곳에서 발행한 미장 안내서를 살펴보면 모래 함량이 전반적으로 높은 서양 석회 미장법의 특징이 잘 드러난다. 석회 미장 역시 마무리 미장으로 갈수록 재료가 고운 것을 쓰고 모래 함량을 줄이는 점은 흙 미장과 같다. 그런데 데번 전통 농가의 석회 미장을 분석한 결과를 보면 거친 모래와 고운 모래, 작은 자갈 등 입자 크기가 다른 골재를 혼합하는 경우가 많았다. 이렇게 크기가 다른 다양한 골재를 써야 강도가 더 높아지고, 마무리 미장이 아니라면 강가에서 퍼 온 모래를 채에 치지 않고 그대로 사용했기

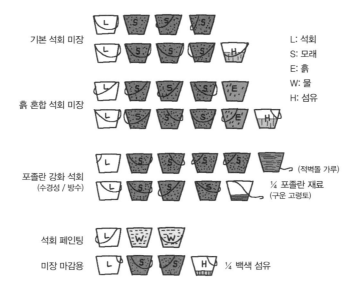

기본 석회 미장

흙 혼합 석회 미장

포졸란 강화 석회
(수경성 / 방수)

석회 페인팅

미장 마감용

L: 석회
S: 모래
E: 흙
W: 물
H: 섬유

(적벽돌 가루)

¼ 포졸란 재료
(구운 고령토)

¼ 백색 섬유

석회 미장 연구가 제인 스코필드가 제시한 석회 미장의 종류와 배합 비율

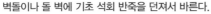

벽돌이나 돌 벽에 기초 석회 반죽을 던져서 바른다.

때문이다.

　영국의 전통 건축 연구가 제인 스코필드(Jane Schofield)는 그의 저서 《Lime in Building – a Practical Guide》에서 서양 전통의 다양한 석회 미장법에 대해 소개하고 있다.

기본 석회 미장

❶ 석회 1, 거친 모래 3

❷ 석회 1, 거친 모래 2, 작은 콩자갈(4mm 직경) 1, 섬유(동물 털) 1/2

❸ 석회 1, 거친 모래 1, 고운 모래 1, 작은 콩자갈(4mm 직경) 1, 섬유(동물 털) 1/2

윗대를 엮고 그 위에 흙을 붙여 벽의 몸체를 만드는 초벽과 달리 벽돌집이나 돌집은 초벌 미장이 필요 없다. 대개 기본 미장과 마감 미장, 두 번 바른다. 딱 두 번 바른다는 뜻이 아니라 반죽의 종류가 다른 두 종류의 미장을 한다는 뜻이다. 실제로는 같은 배합의 미장 반죽이라도 2회 이상 여러 번 덧바른다.

　벽돌이나 돌 벽 위에 바르는 기본 석회 미장은 석회와 모래의 비율이 1:3인데 거친 모래와 작은 자갈을 섞었다. 심지어 거친 모래와 콩자갈을 섞은 경우도 있고, 거친 모래와 고운 모래, 콩자갈을 섞은 경우도 있다. 더 견고해지기 때문이기도 하고, 강가의 모래를 퍼 와서 채에 거르지 않고 바로 사용했다는 걸 짐작할 수 있다. 균열을 줄이기 위해 넣는 섬유는 짚이 아니라 소 털이나 염소 털이다. 요즘은 구하기 어려워서 수입한 야크 털을 사용한다. 기본 석회 미장은 접착력이 중요하기 때문에 상황에 따라 종종 밀가루 풀을 추가한다.

　일본이나 한국에서는 흙손으로 석회를 곱게 바르는 반면, 영국에서는 돌 벽이나 벽돌 벽에 초벌 석회 미장을 바를 때 작은 주걱 같은 도구로 떠서 벽을 향해 던져 바른다. 그다음에 다시 길고 큰 흙손이나 나무 막대로 미장을 펴서 고르게 면을 잡는다. 이렇게 던져 바르면 작은 돌 틈이나 기공 사이에 석회 반죽이 깊숙이 들어가게 되어 접착성이 높아진다. 초벌 석회 미장이 어느 정도 마르면 나무 흙손으로 거칠게 다듬어 평활하게 만들어주고, 쇠솔이나 못이 달린 흙손으로 긁어 다음 미장을 위한 요철을 만들어둔다. 단, 한 번에 바를 때 10mm를 넘지 말아야 한다. 아무리 배합을 잘해도 미장 두께가 두꺼우면 마르면서 수축이 커지고 균열이 생기기 때문이다.

　이렇게 거칠게 바른 석회 미장 위에 덧바를 때는 석회와 거친 모래만 섞은 첫 반죽보다는 거친 모래와 고운 모래, 동물 털을 섞은 반죽을 사용한다. 미장한 벽 위에 덧바를 때는 던져서 바르지 않고 흙손으로 차분하게 바른다. 덧바를 때도 역시 10mm 이하로 바르는데 미장 두께가 19mm를 넘지 않도록 바른다.

석회 페인팅과 마감 미장

❶ 석회 1, 물 2

❷ 석회 1, 고운 모래 2, 백색 섬유(흰 말이나 양의 털) 1/4

이미 흙 미장한 벽을 마무리할 때는 석회와 물만 섞어서 붓으로 바른다. 물의 양은 딱 정해져 있지 않다. 물이 적으면 불투명하며 균열이 가기 쉽고, 물이 많으면 투명하고 얇다. 대략 석회 양의 1~8배 정도 물을 섞어 바른다. 이렇게 묽은 석회물로 페인팅하는 것을 흰색으로 씻어내듯 바른다고 해서 '화이트 워시(white wash)'라 부른다.

석회를 붓으로 바를 때 요령은 얇게 여러 번 눌러서 바르는 것이다. 한 번에 두껍게 바르면 균열이 발생하면서 트게 된다. 석회물은 흐르면서 바로 굳고 붓 자국과 석회물 자국이 남기 때문에 밑에서 위로 붓질을 하되 X자 형태로 교차하며 바른다. 참고로 이때 10% 이내의 안료를 넣으면 파스텔 톤의 색상을 표현할 수 있다.

석회칠을 할 때 발수성을 높이기 위해 아마인유를 극히 미량 넣기도 한다. 기름을 미장 반죽에 넣으면 바를 때 흙손의 미끄러짐이 좋아진다. 접착성을 높이기 위해 풀을 섞는 경우도 있다. 낙농업이 발달한 지역에서는 동물성 단백질인 밀크 카세인과 석회를 반응시켜 만든 카세인 풀을 첨가한다. 카세인을 넣을 때는 점성을 보아가며 아주 조금씩 넣어야 한다. 너무 많이 넣으면 본드처럼 끈적해져서 석회칠을 할 수 없다. 물론 밀가루 풀을 사용할 수도 있다. 이미 기본 석회 미장을 바른 벽이라면 마무리하기 위해 석회(1), 고운 모래(2), 흰 말 털이나 양 털, 표백한 털과 같은 백색 섬유(1/4)를 섞어 반죽을 만들고 1~3mm 이하로 아주 얇게 바른다. 요즘엔 동물 털을 사용하지 않고 마 섬유나 친수성 화학섬유로 만든 나이콘 파이버도 자주 사용한다. 모래나 섬유를 섞은 마감 석회 미장에도 안료를 섞어서 파스텔 톤의 색상을 표현할 수 있다.

바닥용 강화 석회 미장

❶ 석회 1, 모래 3, 흙 1

❷ 석회 1, 모래 3, 흙 1, 섬유 1/2

❸ 석회 1, 모래 4, 적벽돌 가루 1

❹ 석회 1, 모래 3, 구운 고령토 등 포졸란 재료 1/4

코티지 하우스에서는 흙 미장보다 더 단단하고 물에 잘 견디게 하기 위해서 흙, 모래, 석회를 섞어서 미장하기도 한다. 많은 압력을 받고 쉽게 손상되기 쉬운 방바닥 역시 흙과 석회, 모래를 혼합해서 바른다. 더군다나 신발을 신고 생활하는 서양 입식 구조라면 바닥이 더 견고하고 물에 더 잘 견뎌야 하기 때문에 흙 대신 적벽돌 가루나 포졸란 재료를 첨가한 강화 석회 미장을 하기도 한다.

　포졸란 재료는 구운 벽돌 가루나 고온에 구운 고령토, 샤모트, 화산재, 나무 재 등이다. 석회, 규사, 흙 속의 알루미나 등 다양한 성분과 결합해서 접착력을 높여주고 강도를 높여준다. 물에도 잘 견디게 만든다. 무엇보다 석회와 포졸란 재료를 혼합하면 미장이 빠르게 굳는다. 석회는 본래 공기 중 이산화탄소와 결합하는 기경성인데, 포졸란 재료를 혼합하면 물과 반응해서도 굳는 수경성이 된다. 이렇게 만든 석회를 수경성 석회 또는 NHL(Natural Hydraulic Lime) 석회라 부른다. 빠르게 굳고 물에 강하기 때문에 외벽 미장에도 자주 사용된다.

2

지 진 과
비에 강한
일 본 의 석 회 미 장

일본의 석회 미장은 불교 미술에서 유래했다. 전 세계 석회 미장과 벽화의 밀접한 관계를 생각하면 특별한 일은 아니다. 고구려 고분 벽화와 이집트 유적, 이탈리아의 종교 벽화, 인도 사원 벽화는 대개 석회 바탕 위에 그려졌다. 일본 석회 미장을 시쿠이(漆喰)라 하는데, 6세기에 한반도에서 불교와 함께 일본에 소개되었다. 원래 시쿠이는 불교화를 그리기 위한 흰색 바탕면, 일종의 캔버스를 만드는 기법이었다. 시쿠이가 일본에 처음 소개되었을 때 석회 미장에는 일본 전통 종이인 화지 섬유가 사용되었다. 사찰이나 신사, 영주의 성, 귀족의 저택이 아니라면 비용을 감당하기 힘든 고급 미장법이었다.

초창기 일본의 석회 미장은 주로 대형 흙벽을 끊김이나 구획 구분 없이 통으로 마무리할 때 적용했다. 토착 건축은 지역의 자연과 기후를 반영한다. 지진과 태풍 피해가 많은 일본은 특히 그러하다. 흙으로 초벌과 재벌 미장을 한 초벽의 외벽은 주로 석회로 마무리(정벌, 마감)했다. 흙 미장보다 석회 미장이 비에 잘 견디기 때문이다.

　일본의 기본 석회 미장인 혼 시쿠이(本漆喰)와 영국의 기본 석회 미장을 비교했을 때 혼 시쿠이는 모래를 넣지 않는 것이 특징이다. 운송 수단이 늦게 발달했고 험한 산악 지형이 많았기 때문에 모래 운송이 여의치 않았다. 잦은 지진에 대비해서 벽의 유연성을 높일 필요도 있었다. 모래를 넣으면 미장 강도가 높아지지만 지진 진동에 의해 쉽게 부서질 수 있다. 모래를 많이 함유한 석회 미장은 비에 쉽게 쓸려나갈 수 있다. 일본 석회 미장은 모래 대신 섬유와 풀을 주로 사용한다. 벽의 유연성이 높아져 지진에 잘 견디고 균열을 막을 수 있기 때문이다.

기본 석회 미장 : 혼 시쿠이

재료　소석회 20kg, 물 20ℓ , 대마 섬유 1kg, 해초 풀, 물

용도　내벽 마감용

시쿠이의 주재료는 석회, 해초 풀, 대마 섬유다. 석회는 채에 걸러 덩어리가 지지 않은 고운 석회를 물에 수화시켜 만든 소석회 반죽(석회 퍼티)을 사용한다. 석회는 공기 중의 이산화탄소와 반응하며 굳어지는 기경성이다. 굳어지면서 석회암으로 변하기 때문에 딱딱하고 발수성이 높다. 게다가 먼지가 없어 깔끔하게 벽체를 마감할 수 있다.

　해초 풀은 미장 반죽의 보수성을 높인다. 풀이 반죽의 물기를 잡아주기 때문에 미장이 천천히 마르고 균열이 적다. 풀이 들어가면 반죽을 바

를 때 흙손이 잘 미끄러져 작업성도 좋아진다. 접착력이 높아지는 건 당연하다. 단, 풀을 넣은 석회 미장은 내벽 마감으로만 사용한다. 외벽에는 사용하지 않는다.

대마 섬유는 미장의 균열을 줄여주고 최대한 얇게 바를 수 있게 한다. 볏짚에 비해 대마 섬유가 곱고 가늘기 때문이다.

일본의 혼 시쿠이는 마감 미장용이라 대략 1~3mm 이하로 바른다. 석회 미장 1mm 두께가 공기 중 이산화탄소와 반응해서 석회암으로 바뀌는 암석화 작용은 10년에 걸쳐 일어난다. 3mm 석회 미장이 석회암으로 바뀌는 데는 30년이 걸린다.

모래 혼합 석회 미장 : 스나 시쿠이

재료 혼 시쿠이 반죽 13ℓ, 모래 1ℓ

용도 흙 미장 위에 덧바름용, 혼 시쿠이의 바탕 작업용

일본에도 모래를 혼합하는 석회 미장이 있다. 스나 시쿠이(砂漆喰)라 하는데, 혼 시쿠이에 모래를 혼합한 미장이다. 물론 영국의 석회 미장에 비해 반죽에 추가하는 모래 비율은 매우 적다. 혼 시쿠이가 마감(정벌) 미장용으로만 사용하는 데 반해, 스나 시쿠이는 초벌이나 재벌 흙 미장 위에 덧바르는 용도나 혼 시쿠이의 바탕 작업용으로 사용한다. 초벌이나 재벌로 흙 미장한 위에 곧바로 혼 시쿠이를 바르지 않고, 모래를 섞은 스나 시쿠이를 먼저 바른다. 스나 시쿠이는 혼 시쿠이 반죽 13ℓ에 고운 모래 1ℓ를 혼합하고, 해초 풀을 좀 더 추가해서 만든다. 이러한 모래 석회 미장은 조금만 두껍게 발라도 균열이 생길 수 있어 가능한 한 얇게 바른

다. 1.5~10mm 두께로 바른다.

굴 삶은 물을 섞는 세토 시쿠이

모래를 혼합한 석회 미장 중에는 세토 시쿠이(瀬戸漆喰)라는 특수한 석회 미장이 있다. 몇 년 전 일본에서 미장 장인으로 활동하고 있는 미국인 카일(Kyle)의 소개로 히로시마 오노미치(尾道)의 공사 현장을 방문한 적이 있다. 그곳에서 처음 알게 된 미장법이다. 세토는 일본의 내해를 말하며, 세토 시쿠이는 히로시마의 해안 지역에서 최근에 개발된 석회 미장이다. 스나 시쿠이에 굴 껍질을 끓여서 추출한 초 고농도 칼슘 이온수를 섞어서 강도와 내구성을 높인 새로운 석회 미장 방법이다. 굴 껍질에는 규사, 나트륨처럼 석회 또는 모래와 잘 결합되는 성분이 많다.

세토 시쿠이는 모래를 혼합한 데다 이온수를 첨가해서 강도가 높다. 그래서 초벌, 재벌, 마감 반죽을 따로 만들지 않고 같은 반죽을 사용할 수 있다. 얇게 발라도 되고, 두껍게 발라도 균열이 생기지 않는다. 초벌, 재벌, 정벌, 세 번에 걸쳐 바르는 것은 마찬가지지만 한 번에 같은 반죽을 사용할 수 있어 상업적 시공에 적합한 미장재이다. 주로 졸대를 촘촘히 댄 목재 라스(Lath) 벽에 사용한다.

도사 시쿠이

일본의 기본 석회 미장인 혼 시쿠이는 해초 풀이 들어가기 때문에 외벽에 사용할 수 없다. 오랫동안 빗물에 닿을 경우 미장에 포함된 풀이 서서히 녹아내리기 때문이다. 폭우가 자주 내리는 지역에서 비에 강한 특별한 석회 미장법이 발달했다. 류큐 시쿠이와 도사 시쿠이는 빗물에 강한 대표적 석회 미장이다. 볏짚 발효 석회 미장이란 공통점을 갖고 있다.

도사 시쿠이(土佐漆喰)는 도사견의 고향인 일본 도사 지방에서 유래된 석회 미장법으로 막부 말기부터 메이지 시대에 걸쳐 완성되었다. 도사 지역은 태풍과 폭우가 잦은 지역이다. 도사 시쿠이는 3개월 이상 물에 담가 발효시킨 짚을 다시 소석회와 물에 넣어 혼합한 후 한 달 이상 더 숙성시킨 내후성 석회 미장이다. 도사 시쿠이에 들어가는 소석회는 석회를 구울 때 소금을 넣어 구운 소금구이 석회를 사용하는데 입자가 거칠다.

도사 시쿠이는 침출된 볏짚 성분 때문에 밝은 노란색을 띠다가 자외선에 의해 퇴색되면서 밝은 갈색으로 변한다. 볏짚에 포함된 당류의 일종인 리그닌, 셀룰로오스 등 접착 성분이 추출되어 미장 접착이 좋고 균열이 적다. 볏짚에서 추출된 천연 성분에 규사가 많이 섞여 있어 물에 강한 특성이 있다. 비가 많이 오는 지역의 외벽에 사용하기 적합하다. 게다가 리그닌은 미장 면의 손상 부분을 자가 보수하는 특성이 있다. 이 리그닌이 소석회와 반응해서 독특한 밝은 노란색을 띠는데, 자외선과 반응하면서 점점 밝은 갈색으로 변했다가 약 10년에 걸쳐 탈색된다.

최근에는 볏짚을 3개월 이상 발효시키지 않고, 물에 1주일 정도 담가 두었다가 머리카락처럼 아주 가늘게 파쇄해서 사용한다. 이렇게 잘게 썬 볏짚을 소석회와 섞어서 다시 한 달 정도 발효시킨 후 건조시켜서 분말로 만든다. 이 분말을 약간의 물과 섞어서 반죽한 후 1.5mm 채에 걸러 노로(ノロ)라고 부르는 석회 반죽을 만들어 쓴다. 노란 빛이 나는 노로에 다른 색을 내기 위해 아주 고운 숯가루나 재, 붉은색을 낼 수 있는 산화철 등 안료를 혼합하기도 한다.

노로는 최소 3회 이상 바르는데 1~2mm 정도로 아주 얇게 바른다. 처음엔 안료를 섞지 않은 노로를 바르고 이 위에 안료를 섞은 석회 반죽을 다시 바르기도 한다. 압력을 주어 문지르면 광택이 생긴다. 이때 베이비 파우더에 들어가는 운모 가루를 바른 후 다시 압력을 주며 문질러서 광택을 낼 수 있다. 도사 시쿠이는 빗물에 잘 견디는 것은 물론 접착성이 좋아 5~8mm 두께로 두텁게 바를 수 있다는 장점이 있다.

오키나와의 류큐 시쿠이

류큐 시쿠이(琉球漆喰)는 오키나와에서 유래된 석회 미장법이다. 잘 알려져 있듯이 오키나와는 도사 지역보다 태풍과 폭우가 더하면 더했지 덜한 곳이 아니다. 류큐 시쿠이도 볏짚 발효 석회로 빗물에 강하고 접착성이 좋다. 도사 시쿠이가 소석회를 사용하는 반면 류큐 시쿠이는 생석회를

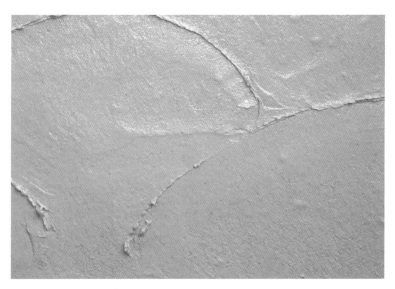

볏짚 침출에 의해 노란색이 된 류큐 시쿠이

사용한다. 도사 시쿠이에 비해 볏짚을 훨씬 더 많이 넣어 숙성시킨다는 점도 차이점이다. 도사 시쿠이보다 접착성이 훨씬 좋고 비에 강하며 유연성이 크다.

다케하라의 아마기 미장법

일본 전통 마을로 유명한 히로시마 다케하라(竹原)를 방문한 적이 있다. 그때 일본 전통 가옥의 다양한 벽체 미장을 살펴볼 수 있었다. 다케하라도 비가 많이 오는 곳이기 때문에 비에 대한 대비가 철저했다. 그중 눈에 들어온 벽체 미장은 아마기 미장법이다.

아마기(あまぎ, 雨着)는 비옷을 말한다. 보통 미장 안쪽에 가려져 있어 볼 수가 없는데 다케하라의 허물어진 벽체에서 아마기의 일부를 볼 수

다케하라의 아마기 미장 벽

있었다. 아마기 벽체 미장은 초벽의 엮은 욋대에 가로로 가는 신우대를 줄줄이 걸고 여기에 볏짚 자락을 비옷처럼 늘어뜨려 층층이 꿰맨 것이다. 다시 이 위에 흙 미장을 여러 번 바른 후 석회 미장으로 마감해서 비에 대한 대비를 철저히 한다. 벽체에 볏짚 비옷을 입힌 셈이다. 꼼꼼히 살펴보니 초벌 미장한 후에도 세 번을 더 흙 미장을 겹겹 바르고 마지막으로 발수력이 좋은 석회 미장을 했다. 다섯 번에 걸친 꼼꼼한 미장이다. 이 정도로 여러 번 미장할 수 있었던 이유는 다케하라가 과거 돈 많은 상인들이 살았던 마을이기 때문이다.

청회색 압력 발수 석회 미장

청회색 압력 발수 석회 미장 역시 다케하라에서 발견한 미장법이다. 다케하라에서 제법 명성이 자자했던 의원의 전통 가옥을 방문했는데, 그 집 창살이 옅은 청회색이었다. 창살을 감쌌던 칠이 벗겨진 것을 자세히 보니 칠이 아니라 석회 미장이었다. 이 미장은 해초 풀과 화지(일본 전통 종이)를 석회에 섞어서 바른 것이다. 표면이 반질거리고 딱딱한데 나무로 된 흙손으로 바르고, 마르는 동안 물기를 천으로 살짝 눌러 닦아낸다. 그런 다음 쇠 흙손으로 여러 번 압력을 주어 문지른다. 이러한 청회색 압력 발수 석회 미장은 비에 강하고 일반 석회 미장에 비해 발수성이 훨씬 좋다. 손이 많이 가는 미장법이다. 역시 부자가 아니면 할 수 없다.

청회색 압력 발수 석회 미장을 바른 창살

3

한식 석회 미장과
근대 석회
미장

전통 미장 장인은 과거 '니장(泥匠)'이라 불렸는데 말뜻 그대로 진흙을 다루는 장인이다. 이들은 지금으로 치면 기술직 공무원이었다. 고려 시대부터 니장행수(泥匠行首)라 불렀고 관청으로부터 녹봉을 받았다. 19세기 개항 후 서양 미장의 영향으로 '미장(美匠)'으로 바꿔 부르기 시작했다.

이전까지 석회를 사용한 미장은 궁궐이나 관청, 사찰에 제한되었다가 장인들을 관리하던 관청 영선이 해체되면서 민간 장인 활동이 시작되었다. 한일합병 후 일본에 의해 국내 시멘트 산업이 발달했고, 일본을 통해 들어온 서양 미장의 영향을 크게 받았다. 특히 시멘트 미장과 석회 미장의 영향이 컸다. 시멘트 콘크리트를 주재료로 사용하는 현대적 건축이 대세를 차지하면서 전통 미장은 위축되었다. 근래 들어 전통 한옥에 대한 관심이 다시 높아지고, 문화재청이 전통 건축물의 보존과 복원에 힘쓰면서 전통 미장과 현대 미장을 구분하고 일본의 영향을 받은 근대 미장과도 구분하여 '한식 미장'이라 부르기 시작했다.

　전통 한식 미장은 오랫동안 국가에서 관리하고 발전시켜 온 까닭에 사용하는 재료가 다양하고 기법이 정밀하다. 재료만 살펴보면 황토는 물론, 거친 모래가 많이 섞인 마사토, 흰 모래가 많이 섞인 백토(白土), 규사와 진흙을 혼합한 진토(眞土), 기와나 벽돌을 만들 때 사용하던 곱게 정제된 흙 백와(白瓦), 가는 모래, 거친 모래를 구분해서 사용했다. 균열을 줄이기 위해 사용하는 섬유재로 한지 여물, 볏짚 여물, 왕겨, 보리 겨 나락, 말똥에서 걸러낸 발효 여물, 삼 여물, 소 털이나 양 털을 사용했다. 접착제로는 찹쌀, 수수, 기장, 좁쌀, 밀가루로 만든 곡물 풀과 듬북, 은행초, 우

삼 여물이 들어간 회반죽

뭇가사리, 풀가사리, 다시마, 미역, 황각으로 만든 해초 풀, 느릅나무 풀을 사용했다. 한식 미장에서는 벽체를 흰색으로 바르기 위해 석회 미장 외에도 백토 미장을 사용했다. 석회 반죽에 모래를 섞어 사용하는 경우가 많았는데, 모래를 구하기 힘들 경우 마사토를 사용했다.

회반죽과 회사벽

회반죽   소석회 1, 해초 풀 0.3, 여물 0.2~0.25

회사벽   소석회 1, 모래 1~3, 해초 풀 0.15, 여물 0.05

회반죽은 마감 미장법의 일종으로, 책방에서 자르고 남은 한지 조각을 물에 불려서 완전히 녹인 후 석회, 풀, 물과 섞어서 만든 반죽을 3mm 두께로 얇게 바르는 것을 말한다. 회사벽은 석회와 모래, 여물, 해초 풀, 물을 섞은 모래 석회 미장이다. 4~6mm 두께로 바른다.

재사벽

재사벽   진흙 1, 석회 2, 모래 3, 풀 0.7

석회와 흙, 모래를 함께 혼합하면 흙과 모래만 사용했을 때보다 빗물에 잘 견디고, 좀 더 밝은 볏짚 색상이 나고, 강도가 높아진다. 세계 곳곳에서 이와 같은 강화 미장법이 발견되는데, 한식 미장에서는 재사벽이라 부른다. 모래를 섞은 재벌 미장이란 뜻이다. 초벌 흙 미장 후, 흙, 모래, 석회를 풀, 물과 혼합해서 정벌 미장 없이 재벌로 끝내기 위한 미장법이다. 유사한 재료 배합으로는 삼화토 배합이 있다.

백토 미장과 회백토 미장

백토 미장   백토 1, 마사(또는 모래) 0~2, 여물, 풀, 물

회백토 미장   석회 1, 백토 1, 마사(또는 모래) 1~3, 여물, 풀, 물

도자기를 만들 때 사용하는 백토(白土)는 고령토를 말하고, 한식 미장에서 사용하는 백토는 흰 모래가 많이 섞인 하얀 마사토의 일종이다. 궁궐에 사용했던 고급 마감 미장 중 하나다. 종종 백토, 마사토, 여물을 섞어 바른 백토 미장을 석회 미장으로 오해하는 경우가 있다. 17세기까지는 흰색을 내기 위해 백토를 주로 사용하다가 18세기 이후에야 강회라 불린 생석회와 고회라 불린 소석회를 한식 미장에서도 사용했다. 회백토 미장은 백토와 석회, 모래와 여물을 혼합해서 바른다. 백토 미장이나 회백토 미장 모두 밝고 부드럽다.

근대 건축의 널외 바탕벽 석회 미장

초벌   석회 1, 모래 0.1~0.3, 해초 풀 1/20, 섬유재 1/20

재벌   석회 1, 모래 0.7~1 해초 풀 1/30, 섬유재 1/30

정벌   석회 1, 해초 풀 1/40, 섬유재 1/40

근대 목조 주택의 미장

초벌 8~12mm, 재벌 4.5~6mm, 정벌 1.5mm

1900년대에 들어서 서양 문물과 건축 공법이 조선에 유입되었고, 벽돌집과 석조 건축이 지어지기 시작했다. 이때 서양의 건축 기법과 일본의

널외 바탕벽 위에 석회 미장을 하고 있는 모습

목조 주택 공법이 혼합된 일본식 근대 목조 주택도 함께 유입되었다. 1910년 이후 일본 건설회사인 청수조가 우리나라 주택 시장에 처음으로 진출하면서 본격적으로 일본 건설사들이 들어왔고, 한반도 이주 일본인들을 위해 일식 주택을 지었다. 태평양 전쟁을 치르던 시기에 콘크리트, 철근 등 건축 자재가 부족해지자 일식 주택은 외형은 석조 건물을 흉내 냈지만 실제로는 나무 기둥에 미장을 적용했다. 목구조를 기본으로 기둥 사이사이에 샛기둥을 세우고, 가는 졸대를 수평으로 촘촘히 붙여 만든 널외(wood lath)로 바탕벽을 세웠다. 이렇게 널외로 짠 서양식 초벽에 시멘트 반죽이나 석회 미장을 발랐다. 이와 같은 방식은 근대 서양에서 널리 이용되던 방식인데 일본을 통해 전달된 것이다. 내벽의 경우 미장 후 종이 판자나 벽지, 나무 널을 부착했다. 이렇게 널외 위에 미장하는 방법은 근대 건축에서 약간 둥근 벽면이나 천장, 굴곡진 치장부에도 자주 사용되었다.

공주 중학동 (구)선교사 가옥의 조사 기록을 보면 비내력 간벽은 기둥 안팎으로 졸대를 대어, 졸대와 졸대 사이가 비어 있는 중공벽으로 만들고 석회로 미장했다. 외벽의 경우 안팎 졸대와 졸대 사이에 20~30mm 공간을 두고 석회 미장 반죽을 충분히 밀어 넣어 채운 채움벽 형식이다. 이 경우 단열 효과가 떨어지므로 종이를 겹겹 붙여 만든 종이 판자를 붙이거나 벽지를 붙였다. 석회 반죽에는 석회뿐 아니라 동물의 털이나 지푸라기 같은 재료를 함께 섞었다. 근대 건축 복원 시방서를 보면, 석회 반죽의 경우 모래 함량을 줄이고 볏짚이나 동물 털 등 섬유재를 충분히 넣어 접착성을 높이려 한 것을 알 수 있다.

최근 방문한 전남 광주 중앙초등학교의 교실 내벽 간벽도 이와 같은 방식으로 만들어졌다. 이 학교는 1928~1930년 사이에 지어졌다. 근대 건축물을 수리하면서 편의를 위해 낡은 미장 벽에 석고 보드를 덧붙이고 핸디코트로 마감해서 본모습을 덮어버리는 경우가 적지 않아 안타깝다.

우리나라 근대 건축물의 석회 미장은 한식이나, 일본, 영국의 석회 미장과 다른 특이점이 있다. 영국 데번의 석회 미장이나 일본의 석회 미장과 비교해 봤을 때 모래를 적게 사용했다. 졸대를 쳐서 만든 널외 벽, 벽돌 벽, 콘크리트 벽, 흙벽에 따라 다르고, 초벌인지 재벌인지에 따라서도 차이가 있지만 모두 모래를 적게 사용했다. 정벌 석회 미장의 경우 근대 건축물은 대개 모래를 사용하지 않았다. 석회와 모래의 함량비를 보면, 대략 초벌 미장의 경우 석회:모래 비율이 1:0.1~0.3, 재벌 미장의 경우 1:0.5~1로 혼합했다. 단, 흙벽일 경우 흙 미장이 초벌 미장 역할을 하므

미장 전 널외를 붙인 천장

로 석회를 재벌로 바를 때 점성을 높이기 위해 모래 함량을 더욱 줄여 석회 1: 모래 0.2로 혼합했다. 정벌(마감)일 경우에는 대개 모래를 혼합하지 않았다. 조선 말기의 경제적 상황이나 각종 전쟁을 벌였던 일제 강점기의 정황에서 모래를 운송하기에 여의치 않았기 때문 아닐까 추정해 본다.

모래 대신 당시 근대 건축물에 적용된 미장은 해초 풀과 섬유재를 많이 사용했다. 곡식이 부족했기 때문에 곡물 풀보다는 해초 풀을 많이 사용했고, 섬유재로는 소나 말의 털을 탈색한 것과 삼 여물, 볏짚 여물을 사용했다. 동물 털을 정벌(마감) 미장에 사용하지 않은 이유는 아무래도 동물 털이 드세서 표면으로 삐져나와 드러날 수 있기 때문이다. 4~5년 전 미용실에서 구한 머리털을 섬유재로 써본 적이 있는데 덜 깎은 돼지 털처럼 삐죽 삐져나와 느낌이 썩 좋지 않았다. 상대적으로 부드러운 대마나 마닐라삼으로 만든 삼 여물은 주로 마무리 석회 미장에 사용했다. 형편이 더 어려운 시기에는 근대 건축에 짚 여물을 사용한 사례도 발견할 수 있다.

　잘 마른 볏짚을 초벌용은 3~9cm 길이로 자르고, 재벌용은 2cm 내외로 잘라서 두들기고 물에 담가 부드럽게 풀어 사용했다. 해초 풀이나 각종 여물은 재벌, 정벌로 갈수록 그 함량을 더 줄였다. 특히 마감 미장의 경우 해초 풀을 너무 많이 넣으면 마르면서 수축이 커져 미장이 까지거나 바르기 어려워진다. 여물이 너무 많으면 미장 면이 오히려 부푼다. 미장을 얇고 고르게 바르기도 어려워진다. 현장에서 해초는 물에 끓여서 사용하고, 여물은 물에 풀었다가 젖은 상태로 걷어서 사용하는 경우가 많기 때문에 적절한 중량을 파악하기 어렵다. 부피로 감을 잡아야 한다. 해초 풀의 적절한 양은 미장의 점성을 만져서 느껴보며 감을 잡아야 하고, 섬유재도 마찬가지로 적정한 배합량을 여러 번의 경험을 통해 파악해야 한다. 요령을 말하자면 미장 반죽을 흙손으로 떴을 때 옆 날에 묻어나는 반죽의 섬유 밀도는 1mm 정도가 적당하고, 반죽이 흙손에 들러붙지 않고 천천히 미끄러지는 정도의 점성이 좋다.

4

예 멘 의
카 다 드 와
수 경 성 석 회 미 장

예멘은 중동 지역에 널리 퍼진 역사적 건축 기법들의 보고다. 예멘의 카다드(Qudad)는 중동, 아프리카, 유럽 세계에 전파된 광택 방수 석회 미장의 기원이라 할 수 있다. 캐서린 보렐리(Caterina Borelli)가 2004년 〈카다드, 전통의 재발명(Qudad, Re-Inventing a Tradition)〉이란 다큐멘터리를 제작했다. 이 다큐멘터리를 통해 카다드라는 미장법이 서구 세계에 널리 알려졌다. 카다드는 아라비아 반도에서 수천 년 동안 주로 지붕이나 외벽에 발라 흙 건축물을 보호하는 데 사용된 방수 석회 미장법이다. 카다드는 광택 방수 미장의 대명사라 할 수 있는 모로코 타데락트(tadelakt)가 발전하는 데 영향을 끼쳤다. 예멘의 오래된 종교 건축물이나 유적에서 발견할 수 있다.

카다드는 석회, 석회수, 암소 기름과 화산재, 구운 흙 벽돌 가루, 도자

흙 벽돌로 쌓은 후 흰색의 카다드로 미장한 아미리야 마드라샤 유적

기 가루 등 포졸란 재료를 사용한다. 석회와 포졸란 재료를 섞은 석회 반죽을 바른다. 그다음 균열을 막기 위해 강한 알칼리성을 띠는 석회수를 수차례 바른다. 석회수는 단순히 석회를 섞은 물이 아니다. 생석회를 물에 넣어 수화시키면, 침전된 석회 반죽 위로 강한 알칼리성을 띠는 맑은 물이 분리되는데 그것이 석회수다. 석회수를 바른 후 다시 암소 기름을 발라 내수성을 높인 미장법이 카다드다.

카다드는 큰 건물에 적용할 경우 재료의 채취부터 준비, 미장, 연마, 암소 기름을 바르는 데까지 100일에서 1년 이상 걸리는 노동 집약적이고 비용이 많이 드는 전통 기법이다. 게다가 카다드는 전통적으로 몇 년마다 다시 발라야 한다. 이 때문에 지난 수십 년간 카다드는 잊혀졌다. 카다드 장인들은 점점 사라졌고, 유적이나 사원의 보존 작업은 외부에서 수

입한 현대적 산업 재료로 대체되었다.

캐서린 보렐리가 다큐멘터리를 찍을 당시만 해도 카다드 기법에 대해 아는 장인을 찾기 어려웠다. 1983년 예멘과 네덜란드 정부의 협력과 지원으로 카다드를 본격적으로 되살리는 프로젝트가 시작되었다. 이 프로젝트는 라다(Rada) 마을에 있던 아미리야 마드라샤(Amiryia Madrasa)를 보존하기 위한 작업으로 진행되었다. 아미리야 마드라샤는 16세기에 지은 교육기관으로 사원 역할을 담당했다. 이 프로젝트는 18년 동안 계속되었다. 18년이라는 기간 동안 라다 마을의 남성 대다수가 유적의 보존 작업에 참여하는 동시에 일자리를 구할 수 있었다. 청년들은 얼마 남아 있지 않았던 카다드 장인들로부터 전통 기술을 전수받았다. 라다의 기념할 만한 보전 프로젝트에서 카다드 작업은 중요한 부분을 차지했고, 유적에 대한 지역 노동자들의 태도를 변화시켰다. 이 프로젝트 기간 동안 현지에서 구할 수 있는 재료와 도구를 사용했고, 지역의 인력이 투입되었다. 건축과 보수 작업에 현지 재료를 사용하는 것은 많은 장점이 있다. 재료의 산지가 현장에서 가깝다는 장점이 있고, 진흙이나 석회 같은 천연 전통 재료를 사용하는 기술은 현대 재료보다 더 많은 기술과 민감성, 지역의 문화와 경제, 환경에 적합했다.

베니스의 코치오페스토

재료 소석회 1, 모래 2, 벽돌 가루 또는 도자기 가루(미세 분말) 1

물의 도시 베니스의 건물들은 어떻게 물에 견딜 수 있었을까? 도시 여기저기로 연결된 운하 주변 건물들은 석회 반죽과 벽돌로 쌓았는데, 건물의 하부는 자주 물속에 잠겼다. 그런데도 여전히 거뜬하다. 카다드의 영향이었을까?

석회는 공기 중의 이산화탄소와 반응하면서 천천히 굳는 기경성 재료다. 물과 반응하지 않는다. 석회 반죽은 물에 담가 공기와 접촉하지 않게 하면 아주 오래 보관할 수 있다. 석회는 공기와 오랫동안 접촉해야 더 단단해진다. 그런데 어떻게 물과 자주 닿는 곳이나 물속에서도 그렇게 단단하게 굳을 수 있을까?

고대 석회 미장법인 코치오페스토(cocciopesto)가 바로 궁금증을 풀어 줄 답이다. 습기가 많은 지하실이나 물이 자주 닿는 실내 외벽에 적용할 수 있는 특수한 미장법이다. 코치오페스토의 뜻을 그대로 살리면 도기 석회 미장인데, 석회와 모래에 벽돌 가루나 도자기 가루를 혼합하는 방법이다. 벽돌이나 도자기 가루는 한 번 구운 재료로, 물이 닿거나 마르거나 변형이 없다. 석회, 모래와 반응해서 포졸란 반응을 일으킨다. 포졸란 재료와 석회를 물과 반죽하면 빨리 굳고 접착성이 높아진다. 강도도 높아질 뿐 아니라 내수성도 높아진다. 바닥, 지하실뿐 아니라 물이 자주 닿는 욕조나 세면대를 만들 때도 코치오페스토가 사용된다.

전통적인 코치오페스토는 주로 석회에 구운 적벽돌 가루를 섞기 때문에 붉은 색을 띠는데, 현대에 들어와서는 다양한 안료와 골재를 섞어 다채로운 색상을 구현한다. 현재는 모조 석물을 만드는 데도 이용하고 있다. 코치오페스토 같은 내수 석회 미장을 만들기 위해 벽돌이나 도자기 가루 대신 내화재로 사용하는 샤모트 분말이나 뚝배기를 만들 때 사용하는 내화토를 사용하기도 한다. 이 미장법은 습기가 많은 곳의 벽체뿐 아니라 바닥에도 시공할 수 있다.

코치오페스토에 섞는 구운 적벽돌 가루

수경성 석회 NHL

강화 미장용 석회 1, 모래 3~4, 구운 고령토 0.25~0.33

바닥 미장용 석회 1~2, 거친 모래 4~5, 포졸란 재료(벽돌 가루) 1

고대 그리스와 이집트에서도 기원전부터 물과 반응하는 수경성 석회 미
장법을 사용했다. 공기와 반응하는 기경성 재료인 석회에 규산, 화산재,
점토, 백토, 규조토 등 포졸란 재료를 섞어서 빠르게 물과 반응하며 굳는
수경성 재료로 만들었다. 수경성 석회는 화산재를 포졸란 재료로 사용한
로마 제국에 의해 로만 시멘트로 발전했다. 로만 시멘트는 포틀랜드 시
멘트가 개발되기 전까지 서양 건축의 주요 재료였다가 오랫동안 잊혔다.

최근 다시 수경성 석회의 이점이 재발견되면서 NHL(Natural Hydraulic
Lime)이란 이름으로 곳곳에서 자주 사용되고 있다. 주로 석회에 구운 백색 고령토 등 포졸란 재료 10~20%를 넣어서 만들기 때문에 코치오페스토가 흙빛이 도는 반면 NHL은 백색이다. 이 제품은 처음엔 물과 반응해서 굳어지고, 점차 긴 세월을 지나며 공기 중 이산화탄소와 반응하면서 석회암이 된다. 수경성과 기경성을 동시에 갖는다. 내구성 역시 매우 좋으며, 빠르게 굳고 빗물에 강하다. 미장을 바른 다음 날 바로 굳을 정도다. 이 위에 석회 미장을 다시 할 수도 있어서 서양에선 외벽에 많이 사용한다. 일반 석회 미장에 비해 강도가 높고, 흡수 정화 능력도 우수하다고 알려져 있어 실내에서도 자주 사용한다. 유럽에선 워낙 이 수경성 석회를 많이 사용하기 때문에 유럽 공업 표준으로 물성과 특성을 규정해 두고 있다.

5

광택 미장의 대명사,
모로코의
타데락트

　　절대 권력을 가진 왕들은 빛나는 광채와 견고
한 석조 건축을 애호했다. 거대한 궁전을 짓기 어려운 사막 국가에서도
권력자의 과시 욕망은 멈추지 않았다. 흙 벽돌로 궁전을 짓더라도 희귀
한 무늬와 색채로 빛나는 돌처럼 꾸미기를 원했다. 타데락트(tadelakt)는
왕에게 속한 노예 노동의 산물이지만 놀라운 미장 기법이다.

　타데락트는 인구 100만 명이 사는 모로코 중부의 대도시 마라케시
(Marrakech)에서 12세기부터 융성한 알모라비드(Almoravid) 왕조 때부터
발달된 전통 광택 방수 석회 미장법이다. 타데락트는 아랍어로 '문지르
다'는 뜻을 지녔다. 석회의 제조에서부터 미장까지 많은 노동력이 들지
만 공예품 같은 벽을 만들어내는 마감 미장 기법이다. 벽, 기둥, 바닥, 욕
조, 싱크대, 수조, 정원 연못, 분수, 천장, 지붕 등 곳곳을 보호하고 치장하

는 데 주로 이용했다. 전통 타데락트는 1970년대 산업적으로 생산된 석회 미장재로 대체되면서 거의 사라졌다가 1980년대 다시 관심이 커지면서 세계적으로 알려졌다.

타데락트는 석회 미장 후 압력을 주며 연마해서 광택을 내고, 비누액을 발라 방수성을 갖게 한 미장이다. 검은 올리브 오일 비누를 사용하는데, 석회와 반응해서 표면의 탄화를 촉진시키고 내수성을 높인다. 비누는 화학적으로 석회 반죽과 반응해 석회 비누가 되는데, 석회 비누는 물에 녹지 않고 상당히 단단하다. 타데락트는 물이 자주 닿는 바닥, 욕실 벽면, 욕조, 세면대를 만드는 데 사용한다.

타데탁트는 광택을 내는 데 상당한 인력과 시간이 필요한 노동 집약적인 미장법이다. 안료를 섞어 다양한 색상과 물결 문양을 낼 수 있고 방

유리처럼 광택이 나는 타데락트 미장 면

수성이 좋다. 전동 연마기 사용으로 광택을 내는 데 드는 인력을 줄일 수 있게 되면서 더 널리 확산되고 있는 고급 미장법이다. 전통 모로코 타데락트는 주로 미색이거나 붉은색이지만 서구로 전파되면서 더욱 다양한 색상으로 구현되고 있다. 타데락트는 종종 시간의 예술품이라고 불린다. 바탕면 준비부터 밑바탕, 마지막 타데락트 마감까지 일련의 과정마다 적절한 시간에 맞춰야 하기 때문이다. 워낙 정밀하고 섬세한 미장이라 기초 석회 미장에 대한 이해와 경험 없이는 시공하기 어렵다.

타데락트 광택 방수 기법

재료　석회 반죽, 석회석 가루(또는 미세한 실리카 모래, 대리석 가루), 검은 올리브 오일 비누, 안료, 카나우바 왁스 등

❶ 바탕면 처리, 초벌

마라케시의 전통 타데락트는 주로 흙 담틀이나 흙 벽돌 위에 바른다. 현대에는 석회 미장 벽, 시멘트 벽이나 수지 보드, 도기, 타일, 목재 등에 미장 망(mesh)과 타일 접착제를 바른 후 타데락트를 시공한다. 물을 잘 흡수하는 석고 보드나 합판, 파티클 보드의 경우는 물유리나 방수성 타일 접착제, 카세인 모래 풀 등을 바탕면에 발라 내수 처리를 한 후 미장한다. 타데락트를 하기 위해 먼저 바탕면을 흙 미장하고자 할 경우, 석회를 흙 양의 20% 정도 섞은 반죽을 발라 바탕면을 단단하게 만드는 것이 좋다.

❷ 밑바탕 미장, 재벌

모로코 전통 기법에서는 석회를 안료와 섞기 전 약 12~72시간 동안 석

회를 물과 섞어서 담아둔다. 마라케시의 전통 타데락트에서는 석회 반죽에 별도의 모래를 섞지 않는다. 마라케시 인근의 석회 가마에서 생산된 석회는 거칠고, 완전히 구워지지 않거나 과도하게 구워진 석회암 조각, 다양한 토양 미네랄과 조각, 나무 재가 섞여 있어 이러한 거친 조각들이 모래를 대신한다. 게다가 이 지역에서 생산된 석회는 굳으면서 섬유질 구조를 스스로 만들기 때문에 수축되면서 균열을 일으키지 않는다. 만약 산업적으로 생산된 석회를 사용하려 한다면 석회 반죽과 모래를 1:2 정도로 혼합해서 먼저 바탕 미장 면을 단단하게 만든 후 본격적으로 타데락트 작업에 들어간다. 밑바탕 미장은 나무 흙손으로 문질러 면을 평활하게 만들어야 타데락트할 때 굴곡 없이 균질한 광택을 낼 수 있다.

❸ 타데락트, 마감 미장

밑바탕 미장이 어느 정도 단단하게 굳은 다음 본격적인 타데락트 마감 미장에 들어간다. 타데락트 미장은 경성 미장이라 밑바탕 석회 미장이 단단하게 굳어야 한다. 그렇지 않고 덜 마른 밑바탕 위에 타데락트 미장을 할 경우 곧 바로 잔금이 생기거나 탈락될 수 있다.

석회 반죽을 흙손으로 바른 후 부드럽게 문질러 미장 면을 평활하게 만든다. 평활 작업은 타데락트 광택을 위해 아주 중요한 작업 중 하나다. 마라케시의 전통 석회가 아니라 현대적으로 생산된 석회를 사용한다면 아주 고운 실리카 모래 또는 대리석 가루를 혼합하거나 석회 미장을 최대한 얇게 2~3mm 두께로 2회 정도 발라야 균열을 없앨 수 있다. 2회로 나누어 타데락트 미장을 하는 중간에도 역시 빠르게 평활 작업을 해주어야 한다. 첫 번째 바르고 약 10~30분 뒤에 다시 바르는 것이 적당하지만 날씨나 기온에 따라 마르는 속도가 다르다는 점을 감안한다. 육안으로 보아 물기 때문에 생긴 광택(일명 물광)이 사라지고 살짝 굳은 듯한 느낌을 줄 때가 적당하다.

타데락트는 다시 강조하지만 시간의 예술이다. 적당한 타이밍이 중요하다. 타데락트 작업을 할 때는 현장에서 계속 지켜보면서 타데락트 미장이 마르는 정도를 확인해야 한다.

❹ 안료 혼합

다채로운 색상의 대리석 느낌을 주기 위해 타데락트용 석회에 안료를 섞기도 한다. 안료를 미리 물과 혼합해서 연고처럼 만든 다음, 다시 석회 반죽과 골고루 혼합한 뒤 몇십 분 놔둔다. 원하는 색상의 안료를 석회 반죽 중량의 10% 이하로 혼합해서 다양한 색상을 연출할 수 있다. 안료의 색상은 광택 작업을 하거나 마른 후에는 반죽 상태로 젖어 있을 때에 비해 50% 정도 흐릿해진다. 이 점을 감안하여 안료의 양을 결정해야 한다. 미리 샘플을 만들어보는 게 좋다.

❺ 광택

전통 기법에서는 타데락트 석회 미장이 완전히 굳기 전에, 평평하고 매끄럽게 다듬은 단단한 강돌을 사용하여 미장 면을 눌러가며 연마한다. 강돌을 오래 사용하면 안료가 물들어 마치 보석처럼 아름답게 변한다. 이 때문에 오래 사용한 타데락트용 강돌을 모아 별도로 판매하기도 한다. 광택 작업이야말로 노예 노동이다. 요즘은 부드러운 스테인리스 흙손이나 연질 플라스틱 칼로 압력을 주며 문질러 광택을 내거나 자동차용 연마기를 사용한다. 타데락트 석회 미장이 이미 굳은 뒤에 광택을 낸다고 돌이나 흙손으로 연마하면 오히려 광택이 줄어들거나 탈락될 수 있다. 추가로 문질러 광택을 내고자 할 때는 아주 부드러운 융 천이나 스펀지를 비닐로 감싸서 부드럽게 광택을 낸다.

❻ 비누액 코팅

석회 미장 면에 광택을 내고 하루 정도 지난 후, 검은 올리브 오일 비누액을 흙손으로 발라 문질러준다. 비누액은 석회와 반응하면서 석회 미장의 작은 기공을 막아 내수성을 높이고 더욱 광택이 나게 한다. 마라케시 타데락트에 사용되는 검은 올리브 오일 비누는 파쇄한 올리브와 올리브 기름, 강한 염기성을 띤 양잿물(수산화나트륨), 소금물을 혼합해서 만든다. 현대에 와서는 거칠게 만든 양잿물 비누를 녹여 그 비누액을 발라 광택을 낸 다음, 천연 카나우바 왁스를 덧발라 다시 광택을 낸다. 카나우바 왁스는 자동차 광택제의 원재료다. 이렇게 왁스를 바르면 미장 면을 보호하고 내구성을 높인다.

타데락트는 시공 후 완전히 마르는 데 2~4주 정도 시간이 필요하다. 타데락트 미장을 장기간 유지 관리하기 위해서는 정기적으로 비누액을 다시 표면에 발라주어야 한다. 참고로 비싼 올리브 오일 비누 대신, 시중에서 살 수 있는 천연 비누로 만든 친환경 주방세제를 물에 희석한 뒤 미량의 소금과 섞어서 사용할 수 있다.

6

대리석보다
더 아름다운
이탈리아의 마모리노

       그것은 대리석이 아니었다. 300년 전통의 유서 깊은 작은 호텔에 들어서자마자 육중하고 화려한 기둥들이 눈에 들어왔다. 호텔의 로비 중앙은 카페로도 사용되고 있었는데, 로비 바깥쪽 회랑과 경계로 서 있는 기둥들은 직경 50cm 이상 굵고, 7m 이상 높이의 천장을 받치고 있었다. 내가 놀란 이유는 그 기둥들이 크고 높기 때문이 아니었다. 돌맥 무늬가 있고 매끄럽게 반짝이는 형태가 딱 대리석이었다. 그러나 기둥의 색상은 자연의 것이 아니었다. 광채가 나는 연붉은색은 유약을 바른 도기에 가까웠다. 호텔리어들에게 물어보니 대리석이 아니라 이탈리아 마모리노(marmorino)라는 광택 석회 미장 기법으로 마감한 것이라 했다.

마모리노로 마감한 기둥

　모로코의 타데락트로부터 영향을 받았을 것으로 추정되는 마모리노는 로마 시대 유적에서도 발견할 수 있다. 기원전 1세기 로마의 건축 기술자였던 마르쿠스 비투루비우스 폴리오의 저서 《건축술에 대하여》에도 기록이 남아 있다. 로마 건축술을 총망라하고 있는 10권의 논문집으로, 14세기 피렌체에서 이 책이 발견된 후 번역되면서 당대 유럽 건축에 큰 영향을 끼쳤다. 상업이 번성했던 베니스에서 마모리노가 유행했다가 1800년대 말에 서서히 관심이 사그라들었다. 베니스에서 유행하게 된 까닭은 코치오페스토와 대리석 가루 때문이었다. 코치오페스토는 석회에 벽돌이나 기와, 도자기 가루를 혼합해서 만드는 내수성 석회 미장인데 자연스럽게 마모리노로 발전했다. 이탈리아에서는 멀리서 운송한 후 곱게 채에 쳐야 사용할 수 있는 모래 대신 지역에서 쉽게 구할 수 있는 대리석을 사용했다.

마모리노는 산업화의 영향과 시멘트의 등장, 전쟁으로 잠시 잊혀졌다. 1970년대 말 베니스 출신으로 장인들의 공예적 작업에 매료되었던 유명 건축가 카를로 스카르파(Carlo Scarpa)가 마모리노를 사용하면서 현대 건축가들이 다시 관심을 갖기 시작했다. 이탈리아 마모리노는 모로코 타데락트와 유사하지만 모래 대신 대리석 가루와 아마인유를 혼합하는 점이 다르다. 매끄러운 대리석 질감뿐 아니라 다양한 돌처럼 표면을 구현할 수 있다. 그 외 기법은 타데락트와 매우 유사하다.

마모리노의 재료

마모리노 반죽에 혼합하는 재료는 장인마다 다르지만 대개 숙성한 석회 반죽, 고운 대리석 가루, 활석 가루, 색상을 내기 위한 광물성 안료, 접착성을 높이기 위해 사용하는 셀룰로오스 풀 또는 카세인 풀, 광택을 내고 작업성을 높이기 위해 사용하는 아마인유, 올리브 비누액, 석회수 등이다.

석회 반죽(1.89ℓ), 대리석 가루(1.89ℓ), 올리브 비누액(2큰수저), 아마인유(1½컵(360㎖))를 순서대로 섞어서 마모리노 반죽을 만든다. 여기에 색상을 표현하기 위해 안료 3/4컵(177.44㎖)을 첨가한다. 이렇게 만든 마모리노 반죽을 마감 미장할 때 사용한다.

1차 마모리노 미장

1차 마모리노 미장을 합판이나 석고 보드에 바르고자 할 때는 플라스틱 망을 부착하고 접착성 높은 내수성 프라이머(석영+아크릴)나 타일 접착제를 먼저 바른 후에 시작한다. 1차 바탕용 마모리노 미장은 약간 거칠고 알갱이가 있는 대리석 가루를 섞은 마모리노 반죽을 사용한다. 조금 두껍고 거칠게 바른 뒤, 폭이 넓은 나무 흙손으로 평평하게 고름질한다. 12시간 동안 미장이 마르게 놔둔 뒤 아주 고운 사포(120방)로 문질러 다듬는다. 이후 고무장갑을 끼고 강알칼리성 석회수를 천에 충분히 묻혀 미장 면을 10분 간격으로 2회 이상 바른다.

2차 마모리노 미장

2차 마모리노 미장은 1차 미장 면이 약간 젖어 있을 때 시작한다. 1차 마모리노 미장에 석회수를 바르고 10~15분 기다린 뒤에 2차 마모리노 미장 반죽을 바른다. 2차 미장에 사용하는 마모리노 미장 반죽은 1차 미장용에 비해 훨씬 고운, 거의 크림 상태인 반죽을 만들어 사용한다. 낭창하게 휘는 스테인리스 평 헤라나 흙손을 깨끗이 닦은 뒤, 처음엔 약간만 압력을 주어 낮은 각도로 부드럽고 얇게 펴면서 바른다.

3차 마모리노 미장

3차 마모리노 미장은 2차 미장이 아직 완전히 마르지 않은 살짝 젖은 상태에서 시작한다. 마모리노 반죽을 아주 조금씩만 떠서 가볍고 얇게 살짝 압력을 주며 바른다.

광택 작업

3차 미장 면이 어느 정도 마르기 시작하면 12회 정도 광택 연마 작업을 반복한다. 탄성 있는 스테인리스 헤라를 압력을 높여가며 누르고 각도를

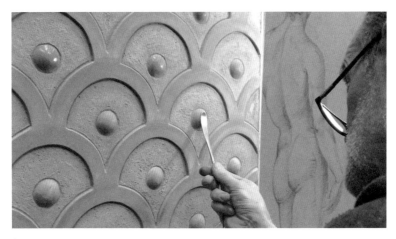

다양한 질감을 표현하여 부분 광택 낸 마모리노

세워 문지른다. 광택 연마를 할 때마다 매회 석회수를 바르고 10분 정도 마르게 놔둔 뒤 다시 연마를 반복한다. 처음부터 압력을 가하지 말고 천천히 압력을 높여가며 반복해서 평 헤라로 광을 낸다. 광택 연마를 12회 정도 하다 보면 광택이 나고 단단해진다.

아직 습기가 약간 남아 있을 때 검은 올리브 비누액을 바른다. 검은 올리브 비누를 약간의 물에 녹여 크림 같은 상태의 비누 크림을 만들어 바른다. 올리브 비누를 구하기 어려울 때는 식기 세척용 비누액을 사용한다. 비누 크림을 평 헤라로 바르면서 광택 연마 작업을 반복한다. 비누와 석회가 반응해서 광택이 나기 시작하면 아주 고운 면 천이나 극세사 천으로 하얗게 들러붙은 비누를 닦아내면서 광을 낸다. 마지막으로 천연 카나우바 왁스를 바르고 면 천으로 문질러 다시 광택을 낸다. 이때 자동차 광택용 저속 연마기를 사용해도 된다.

7

달걀을 넣은 인도의
난백 석회 미장과
아라이시

인도 요리의 가장 큰 특징은 다양한 향신료를 한데 섞은 마살라가 들어가고, 음료나 음식에 발효유인 라시, 설탕을 자주 사용한다는 점이다. 특히 인도의 카레는 종류가 수십 종에 달하는데, 고수, 정향, 육두구, 회향, 카르다몬, 강황, 후추, 계피, 고추, 생강 등 수많은 향신료를 사용한다. 다양한 요리로 세계인의 입맛을 사로잡고 있는 인도인은 건축물을 치장하기 위한 미장도 요리처럼 다룬다. 미장 반죽에 향신료, 설탕, 너트, 정유, 우유는 물론 달걀까지 넣는다.

난백–설탕 혼합 석회 미장

재료 석회 가루 100kg, 30개의 달걀 흰자(난백), 야생 알로에베라 3kg, 팜 비정제 설탕 10kg, 허브 너트 10kg, 채에 거른 모래 200kg

상상을 뛰어넘는 인도 미장 중 하나다. 달걀 흰자만 골라 알로에베라, 팜 설탕, 잉크너트(inknut, haritaki)를 석회 반죽과 혼합해서 점도를 균질하게 만든 미장이다. 지역마다 다양한 난백-설탕 미장법이 있는데, 그중 하나를 살펴보면 달걀 흰자(난백), 야생 알로에베라, 팜 비정제 설탕(palm jaggery), 허브 너트 등 요리에 들어가야 마땅한 재료들을 모래, 석회와 혼합해서 미장 반죽을 만든다.

미장 반죽을 만드는 방법도 마치 요리와 같다. 비정제 고형 팜 설탕을 쌀자루에 넣고 5일 동안 물구덩이에 담가둔다. 인도 전통치유법인 아유르베다에서 독소 제거에 사용하는 잉크너트를 부셔서 다른 물구덩이에 15일 동안 담가둔다. 석회, 달걀 흰자(난백), 모래, 알로에베라를 물에 담가두었던 비정제 설탕, 잉크너트와 모두 함께 섞은 뒤 15일 동안 다시 발효시켜 미장 반죽을 만든다. 비정제 설탕과 잉크너트는 미장을 균질하게 만들고, 달걀 흰자는 미장 반죽을 부드럽게 바를 수 있게 한다. 굳은 후에는 높은 강도를 갖는다.

달걀 흰자를 석회와 섞어서 반죽을 만드는 미장법은 아프가니스탄에서도 발견되었다. 비정제 설탕을 혼합하는 미장법은 중국이나 대만에서도 발견할 수 있다. 시멘트에 소량의 설탕을 넣으면 강도가 약간 높아진다는 연구가 있긴 하다. 많이 넣는다고 강도가 세지는 건 아니다.

인도의 광택 미장 아라이시

인도의 궁궐이나 귀족의 저택에서는 타피-로히-아라이시(araish)를 한 세트로 작업하는 광택 방수 미장법이 사용되었다. 아라이시는 광택 석회 미장이다. 아라이시 미장을 하기 전 바탕면에 인도 전통의 강화 흙 미장인 타피와 로히 미장을 먼저 해야 한다. 타피와 로히는 구운 벽돌 가루나 기와 가루를 석회와 혼합하고, 여기에 비정제 설탕, 나무 수액, 향신료, 볏짚, 모래 등을 함께 넣은 반죽을 사용한다. 타피와 로히는 재료는 같지만 입자 크기가 다르다. 로히는 재료들을 갈돌로 곱게 갈거나 파쇄해서 사용한다.

수르키(surkhi)는 고급 강화 흙 미장으로, 벽돌이나 석벽에 첫 번째로 바르는 초벌 미장이다. 수르키는 지키(zikki)와 함께, 서민들의 미장법인 타피와 로히 미장 대신에 궁궐에서 아라이시 미장을 하기 전 밑바탕으로 바르는 고급 미장법 중 하나다. 석회 반죽, 구운 벽돌 가루나 도자기 가루로 만든 흙인 수르키, 고골이라 부르는 향, 천연 수지, 호로파 씨를 우려낸 물, 재거리라 불리는 비정제 사탕수수 설탕, 케슐레 풀을 섞어서 수개월 동안 발효시킨 뒤, 모래를 혼합해서 만든 반죽을 사용한다. 이 역시 포졸란 반응을 활용한 강화 흙 미장이다.

인도에서 간편하게 만드는 수르키 미장 반죽은 석회 6, 모래 8, 수르키 7을 혼합하고, 여기에 비정제 설탕 희석액과 소석회를 혼합한 랩티(lapti)를 1ℓ씩 넣어서 다시 혼합한다. 랩티는 비정제 당밀 희석액 10, 소석회 1 비율로 섞어서 만든다. 당밀 희석액은 갈색의 비정제 당밀 15ℓ와 물 200ℓ를 섞어서 만든다.

지키는 수르키 미장 위에 바르는 2차 석회 미장이다. 로히 미장과 거의 유사한데 소석회에 모래 대신 대리석 가루를 혼합한다. 아무래도 비싼 미장일 수밖에 없다. 소석회와 대리석을 반죽한 후 마르지 않게 물을 채우고 밀봉해서 6개월 정도 숙성시킨 뒤 사용한다. 6개월이 지난 뒤에 치즈를 만드는 과정에서 얻을 수 있는 동물성 단백질인 커드를 추가하고

6개월 더 발효시킨다. 이렇게 1년을 숙성 발효시킨 미장 반죽은 아주 부드러운 미장재가 된다. 지키라 부르는 이 고급 숙성 발효 석회 미장은 아라이시라 불리는 광택 마감 미장을 위한 바탕면을 만들기 위해 사용한다.

아라이시는 모로코의 광택 미장인 타데락트나 이탈리아의 광택 미장인 마모리노처럼 매끄럽고 광택이 나는 방수 마감 미장이다. 인도의 이 사치스러운 광택 방수 석회 미장은 섬세한 기술이 필요한 예술 작업 같다. 아라이시는 벽체 치장, 바닥 마감, 프레스코화를 위한 표면을 만드는 데 수세기 동안 건조, 반건조 지역에서 검증된 미장법이다.

이 미장법 역시 인도 특유의 혼합 재료를 사용한다. 생석회, 대리석 가루, 야자즙으로 만든 비정제 설탕인 구르(gur), 호로파 씨를 우려낸 정유 수액, 우유 커드를 혼합해서 만든다. 다른 재료와 혼합하기 전에 석회는 최소 1~2년 물과 혼합한 후 숙성시켜 사용한다. 여러 재료와 다시 혼합해서 숙성시킨 석회 반죽을 바른 뒤, 코코넛 워터와 함께 표면을 부드럽고 평평한 돌로 문질러서 광택을 낸다. 엄청난 노동력이 필요하다. 수많은 노예를 거느린 상류층이 아니면 엄두를 낼 수 없는 미장이다. 요즘에는 전동 연마기를 사용하기 때문에 빠르게 작업할 수 있다. 아라이시 미장에 노란색 진흙을 섞거나, 연못이나 제방에서 얻을 수 있는 청회색 흙 또는 붉은 흙을 곱게 갈아 만든 토성 안료를 혼합해서 원하는 색상을 내기도 한다. 이렇게 아라이시로 치장한 미장 면은 방수성이 높고 대리석처럼 광택이 난다.

석회 크림과 빈티지

아라이시처럼 석회를 숙성 발효시키는 방법은 유럽이나 일본에서도 발견할 수 있다. 서양에서는 와인처럼 석회 반죽도 오래 숙성된 것이 좋다고 여긴다. 석회와 물을 잘 혼합해서 크림처럼 반죽을 만들고, 물을 채워 습기가 날아가지 않게 비닐로 잘 덮어서 숙성시켜 두면 훨씬 점성도 좋아지고 균질하게 안정된다. 이런 이유로 미장 장인들은 자신들의 공방에 쌓아둔 오래된 석회 미장 반죽의 빈티지(vintage)를 자랑한다. 오래 숙성한 석회 크림일수록 품질이 좋다는 과학적 증거는 없다. 하여튼 오래될수록 비싸다. 숙성 기간에 따라 가격이 달라지는데, 이탈리아에서는 최소 2년 이상 재워 숙성시켰다가 사용한다. 수십 년 숙성된 석회 반죽은 아주 비싸게 팔린다. 반면 현장에서 바로 석회와 나머지 재료를 혼합할 경우 반죽의 안정성이 낮기 때문에 양생되면서 여러 가지 문제가 발생할 수 있다. 말 그대로 미장은 시간과 함께 섞은 반죽을 사용할 때 오래 간다.

8

옻칠처럼 빛나는
일본의 구로 시쿠이와
오쓰 미가키

　　　　　　　　도자기, 기물, 가구를 만들던 제작 기법은 벽
미장에도 영향을 끼쳤다. 석회 미장이 도공들로부터 시작된 것을 생각하
면 당연하다. 오랜 연마로 광을 내는 모로코의 타데락트는 아마도 오랜
시간 문질러 광을 내는 마연 도기와 연관성이 있을 듯하다. 모로코에서
는 타데락트로 화병을 만들기도 한다. 이탈리아의 스그라피토(sgraffito)
는 파내서 문양을 만드는 도자기처럼 여러 층 미장을 하고 긁어서 문양
을 표현한다. 석고 미장인 스칼리올라는 가구나 도기에 적용되던 상감
기법을 활용한다. 스칼리올라 기법으로 고급스럽게 광택이 나는 다양한
무늬의 탁자나 장을 짜기도 한다.

　칠기(漆器)는 서양에 없는 동양 특유의 공예품인데 일본의 고급 미장
에 영향을 끼쳤다. 칠기는 나무로 만든 목기에 옻나무에서 채취한 수지

인 옻칠(漆)을 발라서 만든다. 칠기는 물에 강하고 견고하고 은은한 광이 나는 도막이 특징이다. 일본의 구로 시쿠이(黑漆喰)로 만든 벽은 검은 칠기를 닮았다. 심지어 나전칠기(螺鈿漆器)처럼 자개를 미장 벽에 박아 넣기도 한다. 자개는 조개, 소라, 전복의 안 껍질을 잘라 모양낸 것이다. 오쓰(大津) 미장은 주사를 안료로 사용한 붉은 채화칠기(彩畵漆器)처럼 붉게 빛나는 미장 벽을 만든다.

구로 시쿠이

재료 석회, 해초 풀, 송연(또는 구두약)

구로 시쿠이(黑漆喰)는 석회와 해초 풀을 섞어 만든 기본 석회 반죽에 소나무 그을음과 아교로 만든 먹물(송연)을 혼합해서 바르는 미장법이다. 누르면서 바르고 흙손으로 계속 습기를 닦아가며 연마하면 거울처럼 빛이 반사되고 광택이 나는데, 탈색되면서 검은 칠기 같은 고풍스러운 느낌으로 바뀐다. 연마하는 과정에서 고운 운모 가루를 묻혀가며 광택을 내기도 한다.

전통적으로 구로 시쿠이에 사용하는 소나무 그을음은 전통주인 사케로 녹여낸 다음 무명천을 3겹 정도 감싼 뒤 중탕해서 사용한다. 그을음을 식힌 다음 석회와 해초 풀을 혼합하여 큰 머위 잎으로 3겹 감싼다. 진흙 속에 3년 정도 묻어 숙성시키면 검은 석회 반죽이 된다. 그을음을 이용하는 방법이 번거롭기 때문에 지금은 아교 섞은 먹물(서예용 먹물)을 그을음 대신 사용한다. 이 경우 오랫동안 비를 맞으면 하얗게 석회 성분이 올라오는 백화 현상이 나타난다. 시공 후 바로 기름칠하면 백화 현상을

구로 시쿠이로 칠기처럼 미장한 마스다 마을(增田町) 전통 주택의 실내 창고(內藏) 입구

막을 수 있다. 숙성시킨 석회 반죽에 처음부터 극미량의 올리브 오일을 넣어서 바르기도 한다.

스웨덴 말뫼의 오래된 미장 기법 중에 다리미를 사용해서 미장 광택을 냈다는 기록이 남아 있다. 이를 흉내 내서 흙손을 쫓아 헤어드라이어로 열을 가하면서 광택을 내는 장인들도 있다. 볏짚을 석회와 섞어서 숙성시킨 토사(土佐) 회반죽에 1%의 올리브 오일을 넣고, 여기에 먹이나 그을음을 섞어서 검은 광택 미장을 하기도 한다.

현대에 들어와서는 전통 구로 시쿠이 미장법이 시간이 오래 걸리고 번거롭기 때문에 석회와 백악 가루(분필 가루), 아마인유, 목질계 풀인 셀룰로오스를 섞어서 반죽을 만들고 미장한 후 구두약(shoes cream, shoes wax)을 발라 광택을 낸다. 구두약을 전체적으로 벽면에 발라주고 10~15분 정도 말린 뒤 부드러운 솔이나 융으로 닦아내면서 광택을 내면 된다. 꼭 구두약이 아니라 가죽 크림이나 가죽 왁스를 사용해도 된다. 구두약이라 하면 일단 거부감부터 생길 수 있는데, 고급 구두약은 구두뿐 아니라 가죽 제품을 보호하고 영양을 공급할 때도 사용한다. 구두약의 주성분은 유지와 왁스 성분이다. 고급품은 주로 밀랍을 사용하며, 등급이 높은 제품은 천연 코코넛 오일, 아프리카산 견과류에서 추출한 시어 버터를 사용한다. 고급 구두약은 바르면 검게 된다는 것만 빼면 성분은 거의 화장품에 가깝다. 미장 면에 광택을 내는 데 구두약을 사용한다고 해서 문제 될 일은 없다.

일본 광택 미장, 오쓰 미가키

오쓰(大津)시는 교토에서 가까운 항구 도시로 삼국 시대부터 한반도의 사신들이 도래하던 곳이다. 이곳에서 발달된 오쓰 미가키(大津磨き)는 일본의 대표적인 고급 광택 치장 미장법이다. 오쓰 미가키는 1mm 정도의 촘촘한 채에 친 석회와 흙, 붉은 안료를 미세한 마 섬유 또는 종이 섬유와 혼합해서 바르는 마감 미장으로, 색이 곱고 은은한 붉은 주사칠기 같은 광택이 난다. 광택이 부드럽고 매끄러우며 그윽하다. 외벽 어디에나 바를 수 있는 구로 시쿠이와 달리 오쓰 미가키는 보통 비가 잘 닿지 않는 외벽의 상부 처마 밑이나, 실내 계단, 복도에 바른다. 현대에는 다양한 색상의 광물 안료를 넣어 상업 공간의 포인트 월을 만들거나 포인트 타일을 만드는 데에도 사용한다.

초벽에 작업한 오쓰 미가키 마감 미장 샘플

❶ 초벌

재료 파쇄 볏짚 6~7, 찰진 고운 흙 4를 섞어 만든 반죽 1, 석회 반죽 1

오쓰 미가키를 바르기 위해서는 총 네 번에 걸쳐 미장 반죽을 바르는데, 바탕 미장으로 초벌과 재벌을 바르고, 오쓰 미가키 반죽으로 두 번 바른다. 초벌은 짧게 잘라 파쇄한 볏짚과 고운 채에 거른 찰진 흙을 물과 함께 반죽하여 2주 이상 발효 숙성시킨 것에 석회를 넣어 바른다. 초벌을 바른 뒤 재벌을 덧바르기 직전, 나무 기둥과 미장 면 사이에 수축으로 벌어진 틈을 채우고 이후 혹시 일어날 균열이나 탈락을 방지하기 위해 테두리 보강을 한다. 테두리 졸대에 3cm 간격으로 마나 삼 실로 만든 수염을 달고 모래가 많이 함유된 석회 반죽을 바른다. 테두리 보강 미장이 마른 후에 본격적으로 재벌 미장을 한다.

❷ 재벌

| 재료 | 파쇄 볏짚 6〜7, 찰진 사질토나 고운 마사토 4를 섞어 만든 반죽 1, 회반죽 1 |

재벌(2차 미장)은 최종 마감 미장인 오쓰 미가키의 품질에 크게 영향을 끼치기 때문에 신중해야 한다. 파쇄 볏짚과 질 좋은 찰진 사질토나 점성 있는 마사토를 체(1.5~2mm)에 쳐서 숙성시킨 반죽에 석회를 섞어 얇게 여러 번 바른다. 초벌과 재벌까지 합쳐서 대략 25mm 두께로 바른다. 오쓰 미가키 미장의 바탕면이 되는 초벌, 재벌 미장은 단단하고 보수성이 좋고 적당히 배수가 될 수 있어야 한다. 이때 얼룩이나 굴곡 없이 평활하게 발라야 오쓰 미가키의 광택을 결 없이 낼 수 있다.

❸ 오쓰 미가키 첫 번째

| 재료 | 분쇄 화산토 1, 분쇄 볏짚 0.005〜0.01, 석회 1 |

오쓰 미가키는 두 번에 나누어 바르는데, 첫 번째 미장은 화산재가 섞인 흙(화산토)을 사용하고, 두 번째 미장은 곱게 간 미분토를 사용한다. 첫 번째 오쓰 미가키는 아주 고운 화산토에 체(0.9~1.5mm)에 친 볏짚이나 파쇄한 볏짚을 바람에 날려 아주 곱고 가는 볏짚만 골라낸 것을 물과 함께 섞어 반죽한다. 여기에 이 반죽의 5% 정도 되는 미량의 석회를 섞어서 최소 1주일 정도 숙성시킨 것을 씨반죽으로 사용한다. 현장에서 바를 때는 바르기 직전, 앞서 숙성시킨 씨반죽의 5~50% 정도 석회를 더 넣은 반죽으로 바른다.

❹ 오쓰 미가키 두 번째

재료 미분토 1(2kg), 산화철이나 붉은 토성 안료 1(2kg), 일본 화지 섬유 0.001(20g)

을 섞은 반죽 3, 석회 1

두 번째 오쓰 미가키는 분쇄한 흙을 2~3일 물에 담갔다가 가라앉힌 흙
앙금을 아주 고운 체에 걸러낸 미분토를 사용한다. 이렇게 곱게 흙을 걸
러내는 작업을 '수비'라 한다. 두 번째 오쓰 미장 반죽은 볏짚 대신에 일
본 전통 화지로 만든 닥종이 여물을 사용한다. 닥종이를 물에 담그고 가
볍게 짜서 다듬돌에 올려놓고 둥근 막대로 두들겨서 편 후 채에 거른 종
이 섬유를 사용한다. 이때 미분토와 석회를 미리 섞어 숙성시키지 않는
데, 미분토와 닥종이를 섞은 반죽에 5~30% 분량의 석회를 혼합하여 바
른다. 흙손으로 수직, 수평, 대각선으로 문질러 광택을 내고, 어느 정도
습기가 빠지면 운모 가루를 발라 흙손으로 문지르거나 고운 융으로 물기
를 닦아내며 광택을 낸다. 현대 오쓰 미가키 작업에서는 왁스나 아마인
유를 바른 후 연마기를 돌려 광택을 내기도 한다.

니토 프로젝트, 광택 흙 미장 실험

앞서 소개한 구로 시쿠이나 오쓰 미가키는 모두 석회를 사용하는 광택
미장이다. 쉽지는 않지만 석회를 사용하지 않고 흙 미장으로도 광택을
낼 수 있다. 니토 프로젝트(The Nito Project)는 타데락트 기법을 응용해서
흙 미장으로 광택을 내기 위한 실험이었다. 모로코 타데락트 기법을 응
용했다고 밝히고 있지만 석회나 비누액을 사용하지 않았다. 이탈리아 마
모리노처럼 아마인유와 대리석 분말을 사용했다.

❶ 초벌

재료 흙(1/8 채에 친 흙) 4.73ℓ, 모래(1/8 채에 친 흙) 9.46ℓ 물 2.83ℓ

채에 친 흙과 모래, 물만 섞은 흙 반죽을 준비한 후, 바탕 벽면에 물을 바르고 흙손으로 반죽을 6~12mm 두께로 펴 바른다. 그다음 넓은 나무 흙손으로 평활하게 고름질한다. 거칠게 고름질한 미장 면을 쇠 흙손으로 바르게 다듬는다. 하룻밤 마르게 놔두면 미장 면은 미세한 구멍이나 잔 균열이 생긴다.

❷ 재벌

재료 흙 1.9ℓ, 대리석 가루(또는 아주 고운 실리카 모래) 3.8ℓ, 물 1.9ℓ, (벤토나이트)

재벌 미장은 더 고운 채에 거른 재료를 사용해야 한다. 아주 곱게 분쇄 정제한 붉은 흙과 대리석 가루(또는 아주 고운 실리카 모래)에 흙 분량의 5~10% 정도 벤토나이트를 혼합한다. 벤토나이트는 선택 사항이다. 물과 반응해서 팽창하는 성질이 있기 때문에 흙 미장의 수축과 균열을 상쇄한다. 여기에 물을 섞어서 재벌 미장 반죽을 만든다.

초벌 미장을 바르고 하룻밤 지난 뒤 2차 미장을 바른다. 먼저 초벌 미장 면에 물을 분무하고 재벌 미장 반죽을 12~24mm 두께로 바른다. 그다음 나무 흙손으로 평활하게 고름질한다. 다시 쇠 흙손으로 면을 고르게 다듬어주고, 30분 정도 지난 후 물기가 마르는 때를 봐서 스테인리스 흙손으로 면을 살짝 눌러주며 문질러 압축한다. 24시간 지난 뒤 면 천으로 미장 면의 먼지나 모래를 닦아낸다.

❸ 광택 마감 미장

재료 미분토 1, 물 0.75, 아마인유, 시트러스 오일(또는 테라핀유)

아주 고운 붉은 미분토와 물을 섞어서 마요네즈 같은 크림 상태로 만든다. 재벌 미장 면에 물을 분무한 후 쇠 흙손으로 마감 미장 반죽을 아주 얇게 바른다. 다시 스테인리스 흙손으로 반복해서 가볍게 문질러준다. 이때 흙손을 깨끗하게 계속 닦아주면서 미장 면을 문질러주어야 한다.

1시간 정도 마르게 놔둔 후 아마인유와 천연 희석재인 시트러스 오일(또는 테라핀유)를 1:1로 혼합해서 스프레이로 3회 정도 뿌려준다. 냄새가 심하기 때문에 마스크를 쓰고 작업한다. 실내라면 창을 열어 통풍이 잘 되도록 한다. 스테인리스 흙손으로 문지르며 오일을 발라준다. 3시간 정도 굳게 놔둔 후 차량 광택용으로 사용되는 카나우바 왁스를 가볍게 바르고 다시 스테인리스 흙손으로 2회 이상 문질러준다. 카나우바 왁스는 브라질 왁스 야자수(copernicia cereferia mart)의 잎과 싹으로부터 얻어 정제한 천연 왁스이다. 상업적으로 파는 차량 광택용 왁스는 카나우바 왁스가 들어갔지만 그 외 추가로 어떤 첨가제를 넣었는지 알 수 없다.

마지막으로 고운 융 천이나 극세사 천으로 문질러 광택을 낸다. 광택은 결국 연마의 결과다. 아마인유도 광택에 도움을 주긴 하지만 도막을 만들어 발수성을 높이기 위해 사용한다.

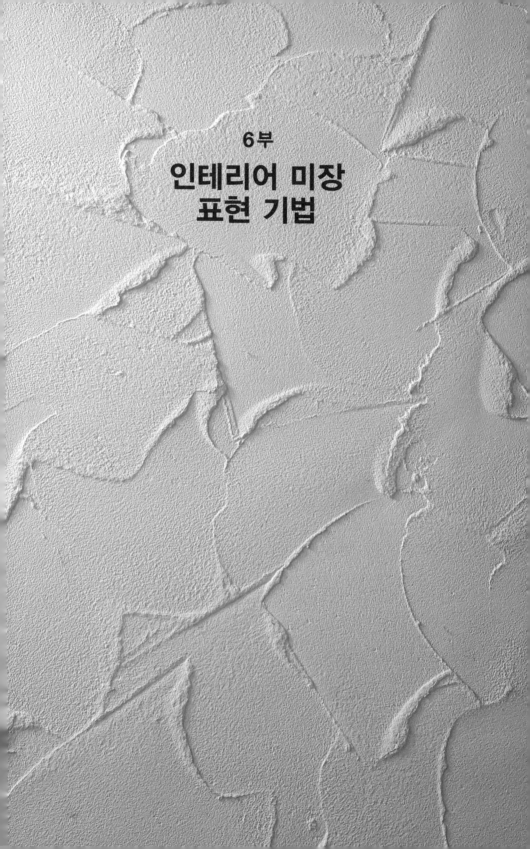

6부

인테리어 미장
표현 기법

1

긁어서
벽화를 그리는
스그라피토

스그라피토(sgraffito(graffito))는 이탈리아어로 '긁어내다, 낙서하다'란 뜻이다. 스그라피토 기법은 오래전부터 이슬람의 전통 건축물에 널리 사용되어 왔다. 이슬람에서 동로마로 전파되었을 이 기법은 14세기 이후 다시 이탈리아에서 유행했고, 이후 유럽에서 대중화되었다. 플로렌스, 로마, 그 외 이탈리아 도시에는 1400~1900년대에 스그라피토 미장 벽화를 그린 건물들이 아직도 남아 있다. 14세기 이탈리아에서는 벽돌집이 유행했는데, 흙집에 살던 사람들은 스그라피토 기법으로 벽돌 문양을 새겨서 마치 비싼 벽돌집처럼 꾸몄다. 스그라피토는 외벽에 사용하던 치장 미장법이지만 이미 회화와 도예 분야에서 널리 사용하던 기법이었다.

스그라피토 벽화를 그릴 때는 모래를 혼합한 석회 반죽에 안료를 섞

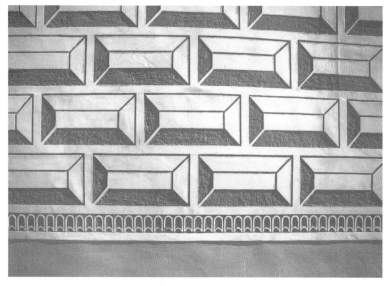

벽돌 문양을 새긴 스그라피토 벽면

어서 사용한다. 대개 이 경우 섬유재를 넣지 않는다. 긁거나 조각도로 파낼 때 섬유와 함께 원하지 않는 부분까지 떨어져 나가기 때문이다. 스그라피토는 색상이 다른 석회 미장을 여러 겹 바른 후 조각도로 긁어서 밑에 있는 다른 색 미장을 드러내는 방법으로 그림이나 패턴을 새길 수 있다. 미장 겹마다 대비되는 색상을 주로 사용한다.

16세기에 스그라피토 기법은 르네상스 시대 주요 건축업자들에 의해 독일로 전해졌다. 특히 바이에른에서 가장 유행했다. 이곳에서 스그라피토의 주목적은 부를 과시하려 했던 이탈리아와 달리 옥외 선전물을 만드는 것이었다. 러시아에서는 소비에트 시절, 체제 선전을 위한 벽화를 건물에 새겨 넣기 위해 이 기법을 사용했다. 러시아에서 스그라피토는 이탈리아보다 더욱 다채로운 색상을 사용했고, 과감하고 힘이 넘치는 벽화를 새기는 데 이용했다.

　최근 남미의 흙 건축가들은 석회를 사용하는 스그라피토와 달리 흙을 사용한다. 다양한 색상의 색토 미장을 여러 겹 바르고, 원하는 색상의 미장층이 나올 때까지 긁어내서 더욱 심도가 깊은 흙 미장 벽화를 새긴다. 스그라피토의 작업 순서는 다음과 같다.

❶ 흙, 모래, 섬유재를 혼합해서 초벌 미장한다. 초벌 미장 반죽의 종류는 다양하다.

❷ 재벌 미장으로 석회 1, 모래 2~3 비율로 혼합한 2차 미장 반죽을 초벌 미장 면 위에 바른다.

❸ 정벌(마감) 미장은 석회 1, 고운 모래 2, 안료를 혼합한 반죽을 사용한다. 보통 검은 화산 흙이나 산화된 붉은 흙을 사용한다. 고대에는 태운 볏짚이나 고운 숯을 안료 대신 사용했다. 섬유재를 혼합하지 않는다.

❹ ❸번의 석회 미장이 거의 말랐을 때 석회 1, 물 10 비율로 혼합한 석회 페인트를 만들어 2~3회 붓으로 바른다.

❺ 5시간 정도 지난 후 아직 습기가 있는 동안 밑그림을 그린다. 가장 자주 사용된 문양은 조적 벽돌 문양이다. 마른 미장 면에 먹가루를 묻힌 먹줄을 튕겨서 줄을 그을 수 있다. 더욱 복잡한 벽화를 그리기 위해 기름종이에 그림을 그린 후 미장 벽에 대고 선을 따라 송곳으로 구멍을 뚫는다. 안료 주머니를 두들겨서 미장 면에 그림의 선이 나타나도록 만든다.

❻ 적당한 조각도나 도구를 이용해서 밑그림의 경계선을 긁어낸 후 짙은 색상을 드러내고자 하는 부분의 석회 페인트칠을 긁어낸다. 어느 정

도 습기가 남아 있을 때 긁어내야 한다. 너무 마르면 석회칠이 깨져 떨어지기 때문에 섬세하게 선을 따라 긁어내기 어렵다.

분리 미장 벽화

스그라피토와 조금 다르게 미장 벽화를 그릴 수 있는 대표적 방식으로 '분리 미장법'과 '분리 도색법'이 있다. '분리 미장 벽화'는 윗 미장 면을 긁어내는 것이 아니라 구획마다 다른 색으로 부분 미장하는 방식이다. 벽면을 흙 미장이든 석회 미장이든 우선 발라서 바탕면을 만들고, 어느 정도 굳은 후 바탕면에 밑그림을 그린다. 이때 색상에 따라 구획을 나누어 그린다. 그다음 색상 구획별로 서로 다른 색상의 안료를 섞은 미장 반죽으

밑그림을 그린 색상 구획마다 다른 색의 색토 미장 반죽을 흙손으로 바르는 모습

로 재벌 미장한다. 색상 구획의 경계선을 따라 조각도로 파내어 구획을 명확히 분리한다. 동일 색상이라도 세부 밑그림에 따라 경계선을 파낼 수 있다.

남미에서는 농가의 폐허가 된 흙 건축을 복원하면서 지역민들과 생태 건축가들이 이 기법을 적용했다. 생태건축가들은 커뮤니티 워크숍을 통해 분리 미장 벽화 기법을 지역민들에게 전수하고 이후에도 지속해서 지역의 낡은 주택들을 자발적으로 보수하기를 바랐다.

분리 도색 벽화

분리 도색 벽화는 구획별로 미장 반죽이 아닌 천연 페인트로 칠하는 방식이다. 벽면에 동일한 색상으로 초벌 또는 재벌 미장한 후 어느 정도 굳으면 밑그림을 그린다. 이 방법의 밑그림 역시 색상에 따라 구획을 나누어 그린다. 색상 구획별로 서로 다른 색의 천연 페인트를 칠한다. 각 구획의 경계선을 따라 조각도로 파내어 색상 구획을 명확하게 한다. 천연 페인트를 칠한 미장 면을 부분적으로 넓게 긁어내거나 파내어 패턴을 만들 수 있다. 천연 페인트는 천연 안료와 풀만을 혼합해서 만든다.

프레스코화

미장 면에 벽화를 그릴 수 있는 가장 섬세한 방법은 프레스코(fresco)다. 프레스코는 '신선하다'는 뜻을 가진 이탈리아어 'affresco'로부터 유래되었다. 석회 미장이 신선하고 젖은 상태일 때 그림을 그리는 채색 석회 기법이기 때문에 그런 명칭으로 불렸다. 석회 미장 면 위에 그림을 그릴 때는 석회수에 안료를 섞어 만든 물감을 사용한다. 석회수는 단지 석회에 물을 섞은 석회물이 아니다. 생석회 1에 물 5 정도 비율로 섞은 다음 하루 정도 담가두면 진한 크림처럼 석회 반죽이 가라앉는다. 이때 석회 반죽과 분리되어 맑은 강알칼리성의 뜬물이 생기는데 이것이 프레스코용 석회수다. 석회수 위에 떠 있는 얇은 결정층을 걷어내고 맑은 석회수만 사용한다. 토성 안료 1, 석회수 3~5 비율로 섞어서 물감을 만들고 이것을 크고 작은 붓으로 칠해서 프레스코화를 그린다. 강알칼리성의 석회수와 안료로 만든 물감을 바르면 석회 미장 깊숙이 스며들어 탄산염으로 결정화되면서 석회 미장과 한 몸이 되기 때문에 쉽게 탈착되거나 변색되지 않고 수백 년 동안 보존된다. 내외벽 모두 사용할 수 있다.

프레스코화는 석회 미장을 한 후 2~5시간 이내, 아직 미장이 완전히 마르기 전에 젖어 있는 상태에서 발라야 한다. 젖어 있는 상태에서 한 번에 칠할 수 있는 면적에 제한이 있기 때문에 하루 분량을 정해두고 작업한다. 하루 분량만큼만 바탕면을 석회로 미장하고, 미리 그려둔 그림을 활용해서 빠르게 밑그림을 벽면에 그린 다음 프레스코화를 그린다. 회벽은 반드시 꾸둑꾸둑하지만 습기가 남아 있는 젖은 상태여야 한다. 지나치게 회벽이 마르면 색상이 제대로 살지 않는다. 프레스코화는 시멘트 벽체나 석회와 시멘트를 혼합한 시멘트 스타코(lime stucco) 벽에는 그릴 수 없다. 이미 말라버린 석회 미장 벽도 마찬가지다. 다시 물을 뿌린다 해도 불가능하다. 석회수 안료가 스며들 수 없기 때문이다.

프레스코 물감을 칠할 때는 질 좋은 강솔 붓으로 십자형 또는 소용돌이 형태로 고루 바른다. 붓질은 길지 않고 짧게 한다. 길게 붓질을 하면 색상이 탈색된 듯 엷어지기 때문이다. 프레스코 안료는 쉽게 바닥에 가라앉기 때문에 색상을 고루 내기 위해서는 붓질할 때마다 프레스코 안료를 담은 통 밑바닥까지 휘저어 가며 칠해야 한다. 적절하게 칠해진 프레스코는 색상의 깊이가 다르고, 붓질에 따라 다양한 느낌이 난다.

　프레스코칠을 한 후 최소 3주 이상 비에 젖지 않도록 덮어주어야 한다. 프레스코칠이 완전히 굳으면 비를 맞아도 지워지지 않는다. 석회수는 강알칼리성이라 금속을 빠르게 부식시키기 때문에 붓이나 금속 도구를 사용한 후에는 깨끗한 물로 씻어내야 한다.

세코화

프레스코화는 하루 작업할 수 있는 규모가 제한되어 있고 시간이 오래 걸리는 기법이다. 이에 반해 세코(secco)는 미장 면이 아직 마르지 않은 상태에서도 그릴 수 있고, 세 달 이상 지나 완전히 마른 상태에서도 그릴 수 있는 건식 채색 석회 페인팅 기법이다. 파티나(patina)라고도 부른다. 보통 석회 1, 물 20, 토성 안료(0.5~0.95) 비율로 혼합하지만 물의 양은 임의로 정할 수 있다. 이 기법은 석회 미장 면 외에도 흙 미장 벽, 석고 벽에도 가능하다.

2

모 조　대 리 석 을
만 들　수　있 는
스 칼 리 올 라

만약 유럽의 호텔이나 고궁에서 화려한 색상
의 대리석 기둥이나 장식벽, 지나치게 긴 석판 테이블, 회화적인 그림이
새겨진 돌 탁자를 보았다면 한번 의심해 봐야 한다. 그것은 십중팔구 마
모리노라는 광택 석회 미장이거나 스칼리올라 석고 미장법으로 만든 인
조 대리석일 것이다.

스칼리올라는 인조 대리석을 만들 수 있는 고급 석고 미장 기법이다.
미장, 기둥, 조각, 가구, 용기 제작 등 다양한 영역에 활용할 수 있는 기술
로 고대 이집트와 그리스, 인도에서도 사용했다. 이 기법은 르네상스 시
대에 유행했다. 부유한 메디치(Medici) 집안이 피렌체를 지배할 동안 토
스카나(Toscana) 지방에서 값비싼 대리석이나 보석 상감 기법을 대체한
기술이었다.

스칼리올라로 미장한 모조 대리석 기둥과 조형물

　스칼리올라는 석고 결정체인 셀레나이트(selenite) 설화석고와 아교, 천연 안료, 물을 혼합한 반죽으로 단단한 대리석, 청금석, 공작석과 같은 다양한 인조 석재를 만들 수 있는 기법이다. 다양한 색상의 반죽을 뒤섞어 대리석 문양을 내거나, 돌의 정맥을 표현하거나, 기존 재료를 파낸 틈에 채워 무늬를 표현하는 상감(inlay) 재료로 사용할 수 있다. 천연 석재에 비해 복잡한 질감과 자연석에서 나타나지 않는 풍부하고 화려한 색상과 무늬를 표현할 수 있다. 유사한 인조 석조 기법으로 테라조와 마모리노가 있지만 재료와 기법에서 차이가 있다.

그러고 보면 유럽 세계는 찬란했던 고대의 석조 건축을 모방하려고 부단히 노력해 왔다. 타데락트, 마모리노, 스칼리올라는 인조 석재를 미장으로 구현하는 기법들이고, 테라조는 시멘트나 폴리머 접착제에 대리석, 석영, 유리, 화강암 등 다양한 충진재와 안료를 넣어 만든 반죽을 바르고, 굳힌 후에 연마기로 갈아내서 매끄럽게 만드는 모조 석재 기법이다.

바바리안 스칼리올라

전통 바바리안 스칼리올라(barbarian scagliola)는 설화석고 또는 석고 분말과 안료를, 물에 희석한 아교와 혼합해서 빵 반죽처럼 만든다. 보통 석고는 물과 섞으면 20분 내에 굳는 수경성 재료인데 아교나 밀가루 풀, 해초 풀을 섞으면 굳는 속도를 지연시킬 수 있다. 특히 아교 풀을 석고와 혼합하면 돌이나 타일처럼 단단해진다. 이때 적절한 농도로 아교를 물에 희석해야 한다. 아교액 농도가 너무 진하면 굳으면서 수축이 커져 석고 타일이 휜다. 물이 너무 많으면 석고가 지나치게 빨리 굳는다. 아교액 농도가 핵심 비법인 셈이다.

이렇게 만든 다양한 색상의 석고 반죽을 시루떡처럼 켜켜이 펼쳐 쌓고 수직으로 잘라 여러 층의 색상이 드러난 반죽을 벽에 붙인다. 다시 사포로 갈아내고 연마한 후 왁스나 아마인유를 발라 광택을 내서 대리석이나 각력암의 무늬를 모방한다. 장인마다 기법은 조금씩 다른데 둥근 돌무늬를 만들기 위해 다양한 색상의 석고 반죽을 작은 구슬처럼 만들어 어느 정도 굳힌 후 본반죽에 섞어 넣기도 한다. 바바리안 스칼리올라 작

업은 마치 제과점에서 밀가루로 빵 반죽을 만드는 모습과 흡사하다.

마레조 스칼리올라

마레조 스칼리올라(marezzo scagliola)는 액상 안료에 푹 적신 거칠고 굵은 비단 실을 질긴 삼베 천 위에 부어놓은 묽은 액상의 석고에 담갔다가, 완전히 굳기 전에 비단 실을 꺼내서 돌의 정맥을 표현하는 방법이다. 석고가 아직 유연성을 잃지 않고 꾸둑해졌을 때 삼베 천과 함께 들어내 바탕벽이나 기둥을 감싸 붙인 후 연마하고 왁스나 아마인유를 발라서 광택을 낸다. 주로 명반 혼합물과 황산칼슘 석고를 혼합한 킨스 시멘트(keene's cement) 또는 파리 시멘트(parian cement)라 불리는 조각 장식용 경화 석고를 사용한다. 이 석고는 굳으면 매우 단단해서 쉽게 부서지지 않는다. 마레조 스칼리올라는 석고에 아교를 혼합하지 않는다. 미국에서

석고 바탕면을 조각해서 파내고 스칼리올라 반죽을 채워 넣는 상감 기법

유행해 아메리칸 스칼리올라로 불린다. 이 기법을 이용해서 상감 기법으로 문양을 낸 화려한 석판 테이블이나 포인트용 치장 타일을 만들 수 있다. 아마도 우리 주변에서 볼 수 있는 모조 석재나 타일 중에는 이 기법으로 만들어진 것이 적지 않을 것이다.

또 다른 방법은 다양한 색상의 석고 반죽을 아주 얇게 여러 층으로 바른 후, 스그라피토처럼 원하는 색상 층이 나타나도록 긁어내서 벽옥처럼 만드는 기법이다. 석고 바탕판에 밑그림을 그리고 조각도로 파낸 뒤, 여기에 안료를 넣은 석고 반죽을 붙인 후 갈아내서 아주 섬세하고 회화적인 그림을 새겨 넣는 상감 기법도 있다. 주로 가구나 테이블을 만들 때 상감 기법을 이용한다.

정지, 연마, 광택

광택을 내기 위해 석고 반죽이 아직 젖어 있고 무를 때 칼로 긁어내 거친 면을 바르게 하고, 연마석 가루와 숯을 묻힌 마 천으로 힘 있게 닦아내거나 물을 뿌려가며 사포로 곱게 갈아낸다. 처음 스칼리올라 표면은 잔 기공이 있고 거칠어서 정지 작업이 필요하다. 석고 반죽을 발라 기공을 채우고 잠시 기다렸다가 닦아낸 뒤 다시 물 사포질을 하고 닦아내기를 반복한다. 이 작업은 시간이 오래 걸리고 손이 많이 가는 작업이다. 물론 요즘에는 전동 연마기를 사용해서 좀 더 빠르게 작업할 수 있다.

어느 정도 면이 부드러워지고 딱딱해지면 아마인유와 밀랍 왁스를 바른다. 부드러운 스테인리스 흙손이나 매끄러운 돌로 문지르기를 여러 번 반복해서 광택을 낸다. 면을 다듬거나 광택을 낼 때 깎이기 때문에 목표 두께보다 훨씬 더 두껍게 반죽을 발라야 한다. 스칼리올라는 나무, 벽돌이나 시멘트, 나무로 만든 틀 등 다양한 바탕에 시공할 수 있지만 나무틀이 아닌 경우 철망이나 못, 작은 홈을 내는 등 물리적 요철을 만들어 떨어지지 않도록 조치해야 한다.

장점과 단점

스칼리올라인지 대리석인지는 만져보거나 눈으로 봐서 구별할 수 있다. 대리석은 만져보면 차갑지만 스칼리올라는 그렇지 않다. 대리석 표면의 경우 접합선이 있는데 스칼리올라는 접합선이 보이지 않는 큰 통석재면을 구현할 수 있다. 타일이나 석재로 포인트 월을 만들면 역시 판끼리 닿는 접합선이 드러나는데 스칼리올라 미장 기법으로 시공하면 접합선이 보이지 않는다. 대리석과 달리 스칼리올라는 자세히 보면 아주 가는 실금이 나 있다.

스칼리올라는 미장 기법으로 값비싼 대리석이나 보석 상감을 대체할 수 있는 장점도 있지만 단점도 있다. 물에 취약하다. 석고와 아교로 만들어졌기 때문에 물에 자주 닿으면 깎일 수 있다. 또한 열이나 습기에 의해 균질하지 않은 수축과 팽창이 일어날 수 있다. 이 때문에 주로 실내에 시공한다. 스칼리올라는 아주 오랜 세월이 지나면 본 바탕면에서 떨어질 수 있다. 오래된 스칼리올라는 두들기면 빈 소리가 나기도 한다.

박리된 스칼리올라를 수리할 때는 드릴로 작은 구멍을 뚫고 접착액을 흘려 넣어 재접착시키는 방법을 사용한다. 아교와 석고를 섞은 스칼리올라는 아주 단단하지만 대리석에 비해 약하기 때문에 강한 충격에 부서질 수 있다. 외부가 파손되면 다시 스칼리올라 반죽으로 색상을 맞춰야 하는데 매우 어려운 작업이라 상당한 경험과 기술이 필요하다. 특히 광택이 희미해진 스칼리올라에 현대적 광택 도료를 발라서 보수할 경우 오히려 향후 파손 시 보수를 어렵게 만들 수 있다. 다시 광택을 내기 위해서는 아마인유나 왁스를 사용한다.

20세기 들어 이 기법은 거의 사라졌다가 지금은 다시 적극적으로 여러 기관과 대학에서 복원시켜 전수되고 있다. 베니스의 예술유산보존센터와 같은 곳에서는 스칼리올라 기법에 대해 연구하며 장인들을 육성하고 있다.

3

벽체 문양을
찍어내는 도장과
스텐실 기법

       벽지처럼 흙이나 석회 미장으로도 문양을 새겨 넣을 수 있을까? 당연하다. 오래전부터 사람들은 벽에 미장할 때 종교적 신념이나 신화, 통속적 희망을 새겨왔고, 시각적 단조로움을 피하기 위해서도 벽체에 다양한 문양을 새겨 넣었다. 벽 미장은 단순히 벽체를 보호하기 위한 작업이 아니라 중요한 인테리어 작업이었다. 미장은 오랫동안 그 자체로 실내의 색상, 질감, 이미지, 형태를 종합적으로 구현하는 작업이었다. 미장 장인들은 더욱 다양한 미장 표현을 위해 도예나 섬유예술, 회화 등 다른 분야의 기법들을 차용해서 미장에 적합하게 발전시켜 왔다. 이 가운데 미장 작업에서 문양을 새겨 넣기 위해 가장 많이 사용하는 방법은 문양 도장과 스텐실 기법이다.

문양 도장

도장은 자신의 작품이나 물건에 소유를 표시하기 위한 도구로 사용되어 왔지만, 그 쓰임은 다양한 분야로 확대되었다. 나무, 금속, 고무에 양각으로 문양을 새기고 물감을 묻혀 반복적으로 어떤 바탕에 문양을 찍어내는 효율적 도구였다. 물감 없이 압력을 주어 무른 상태의 바탕에 음각으로 문양을 새겨 넣는 데도 사용된다. 특히 흙으로 빚은 도자기에 반복된 문양을 음각으로 새겨 넣을 때, 자기 또는 금속으로 만들거나 단단한 나무 또는 석고를 깎아 만든 문양 도장을 이용했다.

　도예의 영향을 받은 미장에서도 문양을 새겨 넣기 위해 문양 도장을

나무 도장 롤러로 눌러 문양을 새길 수 있다.

레이스를 얹어놓고 눌러 문양을 새길 수 있다.

자주 사용한다. 단단한 나무, 자기, 금속, 석고, 고무판으로 만든 문양 도장이나 롤러를 이용한다. 문양 도장을 찍을 바탕면은 습기가 남아 있지만 아직 무른 상태여야 하고, 가능하면 모래가 많이 함유되지 않은 반죽으로 미장하는 것이 좋다. 레이스를 이용하면 복잡하고 화려한 문양을 새길 수 있다. 레이스를 벽면에 부착하고 롤러로 눌러 문양을 새긴다.

스텐실 기법

스텐실 작업은 문양을 반복적으로 빠르게 찍어내기 위해 사용하는 기법이다. 기원전 1만 년 전부터 시작되었는데, 동굴 벽화에는 손이나 물체를 벽면에 대고 그 주위에 물감을 뿌려서 윤곽이 나타나도록 하는 스텐실 기법이 사용되었다. 지금 자주 사용되는 스텐실 기법은 사물의 윤곽이 아닌 반전된 형태를 표현한다. 문양을 파낸 문양지 구멍에 물감이나 페인트를 바르거나 뿌려서 바탕면에 나타나도록 한다. 반복된 문양을 새길 때 사용하는 매체가 스텐실이다. 종이, 플라스틱, 목재, 금속판 등 얇은 재료 위에 밑그림을 그리고, 문양을 파내서 스텐실을 만든다. 스텐실은 단순히 문양을 그대로 파내는 것이 아니라 서로 연결되어 독립된 부분이 떨어지지 않도록 아일랜드(island)와 브리지(bridge) 구조를 갖는다. 스텐실은 단색이 대부분이지만 스텐실을 여러 장 이용해서 다양한 색상의 복잡한 문양을 표현할 수 있다.

🔧 물고기 문양을 새긴 스텐실에 얇게 미장한 후 떼어내고 있다.

벽체 미장에서도 스텐실 기법을 자주 사용한다. 미장에서는 여러 장의 스텐실을 사용하기보다는 단색 패턴을 찍어낸 후 이 위에 천연 페인트로 덧칠하는 방식이 선호되고 있다.

스텐실 재료로 가장 많이 사용하는 재료는 두껍고 무거운 기름종이(유산지)나 두꺼운 PE 필름이다. 종종 고무 재질로 된 레이스를 스텐실 대용으로 사용하기도 한다. 너무 얇은 판지들은 물감이나 미장 반죽이 자주 닿으면서 흐물거리거나 들러붙을 수 있다. 스텐실 작업을 하기 위해서는 흙손이나 교반기, 흙받이 등 일반 미장 도구 외에 솔, 스프레이 접착제, 사포, 종이테이프, 걸레, 수평자, 연필이 필요하다. 스텐실 작업 순서는 다음과 같다.

❶ 기름종이에 문양을 그리거나 출력하고 칼로 문양을 따낸다.

❷ 채에 친 고운 흙이나 석회, 모래, 안료를 섞어 미장 반죽을 만든다. 접착성을 높이기 위해 밀가루 풀을 첨가한다. 대개 이 경우 섬유재는 포함하지 않는다. 섬유가 섬세한 문양 표현에 방해되기 때문이다.

❸ 테이프로 벽 중심선을 표시하고 벽면에 스텐실 문양을 반복할 자리를 표시한다.

❹ 약한 스프레이 접착제와 종이테이프를 사용하여 스텐실(문양이 그려진 기름종이)을 벽면에 부착한다. 접착 스프레이를 뿌릴 때는 표면에서 약 30~40cm 정도 거리를 두고 가볍게 뿌린다. 환기가 잘되도록 창문을 열어둔다. 이렇게 종이테이프 외에 약한 접착제를 뿌리고 스텐실을 붙이는 이유는 깔끔한 문양을 얻기 위해서다. 스텐실과 벽면에 틈이 생길 경우 미장 반죽이 흐르거나 번질 수 있다.

❺ 스텐실을 붙이고 흙손의 각도를 세워 미장 반죽을 얇게 바른다.

❻ 스텐실을 떼어낼 때는 미장이 떨어지지 않게 조심하며 위쪽 측면부터 제거한다.

❼ 미장 반죽이 번지는 것을 방지하기 위해 중간중간 잠시 멈추고, 흐르는 물과 솔, 깨끗한 천으로 기름종이를 닦아내며 작업한다.

❽ 문양의 간격이 촘촘할 경우, 한 칸씩 건너가며 문양을 찍어내야 아직 마르지 않은 문양이 손상되는 것을 방지할 수 있다.

❾ 마른 후에 방진 마스크를 착용하고 튀어나온 부분이나 고르지 않은 곳을 사포질로 다듬는다.

❿ 천이나 브러시를 사용해 벽에서 먼지를 제거한다. 회화용 붓을 이용해 돌출된 문양을 가볍게 터치하듯 천연 페인트를 발라서 별도의 색상을 입힐 수 있다.

4

텍 스 처 를
표 현 하 는
미 장 기 법

나는 벽 미장 오타쿠다. 백화점이나 호텔의
고급스러운 치장 벽이나 고급 주택단지 건축물의 벽을 만져보고 가까이
얼굴을 들이밀어 한참 바라보곤 한다. 이 스타코는 어떻게 미장한 것일
까? 이 플라스터는 어떻게 마감한 것일까? 어떤 재료를 썼을까? 어떻게
이런 느낌을 냈을까? 벽 앞에 멈춰 서서 수없이 질문한다.

내벽 미장인 플라스터(plaster)와 외벽 미장인 스타코의 수없이 다양한
질감과 텍스처들 중에 여전히 도전 과제로 남아 있는 기법들이 있다. 미
장 텍스처는 미장 반죽에 들어가는 흙, 석회, 모래, 그 밖의 골재, 섬유의
종류나 크기, 혼합 비율뿐 아니라 미장 반죽을 바르는 도구나 기법에 따
라서도 크게 달라진다. 요즘은 시멘트나 백시멘트에 안료와 물, 다양한
골재를 섞고, 유리섬유와 아크릴 접착제를 혼합한 합성 미장재를 자주

사용한다. 합성 미장재는 자연 재료를 사용하는 석회 미장이나 흙 미장과 비교했을 때 여러 가지 장단점이 있어 우열을 가리기 어렵지만, 질감과 텍스처, 색상의 표현에서는 자연 재료만 못하다.

이 장에서는 가장 흔하게 시공하고 있는 기본 미장 텍스처들을 소개한다. 모래 띄우기(sand floating), 반죽 뿌리기(stucco dash), 모래 끌기(rock&roll), 누덕 바르기(lace and skip), 자국 남기기, 물 자국 남기기(english stucco), 고양이 얼굴 바르기(cat face)라 불리는 미장 텍스처 기법들이다.

모래 띄우기

모래 띄우기(sand floating)는 상업 건물이나 주택에서 쉽게 발견할 수 있다. 합성 미장재나 자연 미장재 모두 사용 가능하고, 미장 작업을 빨리 끝내고자 할 때 탁월한 선택이다. 우선 벽 바탕에 초벌 미장하고 그 위에 모

모래 띄우기 텍스처. 면이 고르고 까실까실한 질감이 있다.

래를 섞은 두 번째 미장 반죽을 반대 방향으로 바른다. 이때 사용하는 모래는 알갱이의 크기가 일정해야 하기 때문에 건업사에서 구할 수 있는 미장사가 아닌, 미리 채에 쳐서 입자별로 구분한 실리카 모래를 사용한다.

모래 띄우기 패턴용 미장 반죽을 만들 때는 반드시 물을 조금만 사용해야 한다. 물을 적게 넣으면 바르기가 쉽지 않고 미장 반죽이 겹치게 된다. 하지만 넓은 나무 흙손이나 평활용 플라스틱 흙손을 원형으로 돌리며 문지르면 모래 입자가 표면으로 까실까실하게 드러나 보인다. 이렇게 모래 입자가 드러나기 때문에 '모래 띄우기'라 부른다. 모래 입자의 크기에 따라 느낌을 달리할 수 있다. 미장 반죽에 원하는 색상의 안료를 섞기도 한다.

반죽 뿌리기

반죽 뿌리기(stucco dash)는 말 그대로 반죽을 뿌려서 미장하는 방법이다. 벽체에 초벌 미장한 후 아직 완전히 마르지 않고 물기가 살짝 가셨을 때 미장 반죽을 뿌려서 붙인다. 이때 뿌리기 쉽게 묽은 반죽을 사용한다. 적당한 반죽 농도를 찾는 게 기술이다. 옛날에는 굵고 털이 많은 미장용 솔에 반죽을 묻혀서 벽면을 향해 때리듯이 뿌렸다. 요즘엔 에어컴프레서에 연결된 노즐을 이용해서 분사한다.

미세한 느낌을 주기 위해서는 공기압을 높여 강하게 분사해야 하고, 거친 느낌을 주기 위해서는 공기압을 줄여서 분사해야 한다. 더 거친 미장 골(tunnel dash)을 표현하기 위해서는 공기압을 줄이고 미장 반죽에 물을 적게 넣어 되직하게 만들어서 뿌린다.

반죽 뿌리기를 변형한 방법으로는 '뿌려 누르기(rock down dash)'가 있

반죽 뿌리기로 거칠게 미장한 외벽

큰 솔에 반죽을 묻혀 뿌리기로 미장하고 있는 모습

다. 일단 반죽 뿌리기를 한 후 물기가 조금 가셨을 때 흙손으로 눌러서 살짝 납작하게 만드는 방법이다. '골재 뿌리기'는 막 바른 초벌 미장 면에 모래나 다양한 골재를 흩뿌린 후 살짝 눌러 붙이는 방법이다.

이러한 '뿌리기' 기법들은 나중에 쉽게 보수할 수 있다. 다소 거친 질감이 특징이다. 실내에는 적용하지 않는다. 거친 면에 먼지가 많이 낄 수 있다.

모래 끌기

미장 반죽에 굵은 모래 알갱이를 섞으면 흙손으로 바를 때 굵은 모래(rock)가 굴러가며(roll) 자국을 남긴다. 사실 깔끔한 미장이라면 굵은 모래 알갱이를 걷어내고 다시 흙손으로 반듯하게 수정해야 한다. 하지만 굵은 모래 알갱이가 밀린 자국을 응용해서 특별한 텍스처를 만들 수 있다.

수평으로 골 자국을 남긴 모래 끌기 치장 벽

우선 초벌 미장 후 이 위에 적용한다. 모래 끌기용 미장 반죽은 입자 크기가 다른 두 종류의 모래를 혼합해야 한다. 고운 모래를 많이 넣고, 굵은 모래 알갱이는 조금만 넣어 골고루 섞어서 반죽을 만든다. 이렇게 만든 반죽을 일단 가볍게 바른 후, 살짝 흙손을 눌러주며 한 방향으로 진행하면서 굵은 모래 알갱이가 굴러가며 골 자국을 남기도록 만든다. 두 번째 흙손질을 수평으로 하느냐, 수직으로 하느냐, 구불구불 움직이느냐에 따라 모래 알갱이가 남기는 골 자국의 방향이나 모양이 달라진다. 보통 이 기법은 외벽용으로 사용한다. 골재 크기에 따라서 다른 느낌을 줄 수 있다. 이 미장법은 숙련된 기술이 필요하고 나중에 수리하기가 쉽지 않다. 수리한 부분이 표시가 나기 때문이다.

누덕 바르기

누덕 바르기(lace and skip)는 주거용이나 상업용 건물 모두에 적합하다. 초벌 미장이 채 마르지 않은 상태에서 두 번째 미장 반죽을 띄엄띄엄 바르거나, 살짝 된 반죽을 솔 위에 얹어 튀겨서 뿌린 후 흙손으로 가볍게 누르거나 눌러 펼치며 바르는 방법이다. 기존 벽체를 보수할 때 사용하기에도 좋은 방식이다. 흙손으로 듬성듬성 두 번째 미장을 바르면 좀 거친 텍스처가 표현되고, 솔로 튀기거나 뿌려서 바르면 촘촘한 텍스처가 나타난다. 두 번째 미장 반죽의 농도를 조절해서 세밀한 정도를 달리할 수 있다. 그렇지만 너무 묽게 반죽을 만들면 흙손으로 눌러 붙이기 전에 흘러버린다. 흙손을 누른 채 펼치면 좀 더 넓게 누덕 얼룩을 표현할 수 있다.

튀겨 뿌린 후 눌러 바른 '누덕 바르기' 벽면

자국 남기기

자국 남기기는 말 그대로 매끄럽게 바르지 않고 다양한 도구로 자국을 남기며 바르는 기법이다. 자국을 남기는 방식은 매우 다양하다. 부채꼴을 반복하는 경우도 있고, 흙손 끝 날 자국을 살짝 남기는 기법도 있다. 초벌 미장 위에 재벌 미장하며, 부채꼴로 자국을 남기기 위해서는 흙손을 표면에 비스듬히 잡고 팔 뒤꿈치를 중심점 삼아 부채꼴로 바른다. 너무 높게 올라온 면은 살짝 흙손으로 다듬어 눌러준다. 미장 반죽에 수분이 남아 있을 때 흙손을 수직으로 미장 면에 세워서 긁듯이 자국을 남기는 방식도 있다.

빗자루를 이용해서도 자국을 남길 수 있다. 초벌 미장을 하고 나서 거친 빗자루로 긁은 후에 뿌리기용 솔을 이용해서 부분적으로 미장 반죽을

부채꼴로 흙손 자국 남기기

빗질 자국 남기기

뿌려둔다. 물기가 빠진 후 얼룩진 빗자루 자국을 유지하면서 너무 튀어나온 반죽은 살짝 흙손으로 내려준다. 더 분명하게 빗질 자국을 남기기 위해서는 미장 면을 넓은 판재로 다듬어 반반하게 만든 후, 수평을 유지하며 빗질해서 섬세한 텍스처를 만든다. 강솔을 이용하면 부드럽고 촘촘한 붓질 자국을 만들 수 있다. 참고로 긁거나 빗질하는 방식으로 자국을 남길 때는 미장 반죽에 섬유를 넣지 않는다. 긁을 때 섬유가 함께 일어나며 미장 반죽이 떨어지기 때문이다.

물 자국 남기기

물 자국 남기기(english stucco)는 전통적인 기법으로, 묽은 반죽이나 풀을 섞은 미장 반죽을 사용한다. 일반적인 미장 반죽으로 초벌한 후 묽은 반죽을 아주 얇게 바른다. 대개 이 경우 미장 반죽에 모래를 넣지 않는다.

롤러로 물 자국을 남긴 미장 벽

넓은 고무가 달린 헤라나 바닥이 둥근 스테인리스 흙손 또는 둥근 나무 흙손으로 가볍게 스치듯이 짧게 짧게 바르면 물 자국이 남는다. 미장한 전면에 비닐을 붙였다 떼어내도 큰 물 자국을 남길 수 있다. 묽은 미장을 바른 후 페인트 롤러에 비닐을 촘촘히 주름지게 구겨 감아서 돌려주어도 물 자국이 남는다.

고양이 얼굴 바르기

고양이 얼굴(cat face)은 매끄러운 미장 사이사이에 거친 면을 남겨두는 기법이다. 초벌 미장한 후 띄엄띄엄 초벌 미장 면을 남겨두고 두 번째 미장을 한다. 초벌 면이 드러나는 부분의 간격과 빈도에 따라 전혀 다른 느낌을 연출할 수 있다.

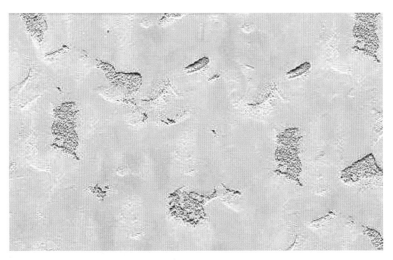

🔨 **고양이 얼굴 텍스처로 마감된 벽면**

텍스처링을 위한 도구들

장인의 기술은 도구의 발전과 함께했다. 그런데도 "우리는 젓가락을 쓰기 때문에 손기술이 좋다"거나 "한국 사람들은 흙손 하나만 있으면 못하는 게 없어요"라고 말하는 이들이 있다. 근거 없는 자화자찬이다. 잠깐 인터넷만 뒤져봐도 전 세계 솜씨 좋은 장인들이 너무도 많고, 우리의 전통 미장 장인들도 용도와 필요에 따라 다양한 도구를 만들어 사용해 왔다. 만약 누가 나에게 '좋은 도구'와 '훌륭한 손기술' 중 하나를 택하라 한다면, '좋은 도구'를 택할 것이다. 물론 '훌륭한 손기술'도 중요하다. 그러나 '좋은 도구'는 오랜 경험과 훌륭한 손기술, 수많은 시도 없이는 태어날 수조차 없다. '좋은 도구'는 작업 효율을 높이고, 초보자들도 오랜 경험을 지닌 장인 수준은 아니더라도 그럴듯하게 작업을 흉내 낼 수 있도록 돕는다. 장인들이 사용하는 도구를 안다면 비법의 반은 알게 되는 것이다. "도구가 반은 일한다"는 말이 있잖은가!

미장 장인들은 어떤 도구들을 가지고 텍스처를 표현할까? 공기압 분무기, 회전 분산기 등 전문 도구들도 있지만 의외로 생활 주변에서 쉽게 구할 수 있는 것들이 많다. 흙손 외에 미장 장인들이 텍스처를 표현하기 위해 자주 사용하는 도구는 붓, 솔, 빗자루, 스펀지, 주름진 천 뭉치, 텍스처링 롤러, 빗, 톱니 주걱 등이다. 이것들을 가지고 바르거나, 찍거나, 두드리거나, 긁거나, 문지르거나, 눌렀다 떼거나, 뿌리거나, 튀겨서 미장 문양을 표현한다. 미장은 바르기만 하는 것이 아니다. 벽면에 텍스처를 만들면 매끄럽기만 한 벽에 비해 시각적 단조로움을 피할 수 있고, 공간에 확장된 느낌을 줄 수 있다.

❶ 붓, 솔, 빗자루

붓, 솔, 빗자루는 제작 방법이 유사하다. 여러 가닥의 털이나 긴 식물 줄기를 한꺼번에 묶거나 촘촘히 박아서 만든다. 붓은 미장 작업에서 흙손만큼이나 자주 사용하는 도구다. 마감 미장의 경우 거의 페인트처럼 묽은 칠에 가까울 때도 있다. 이때는 흙손보다 붓이 바르기 좋다. 모래가 섞여 있는 흙 미장 반죽이나 된 석회 미장의 경우 붓으로 바르면 붓 자국이 남는다. 의도적으로 붓 자국을 남길 수 있다.

솔은 붓보다 더 뻣뻣한 털이나 가닥으로 만드는데 솔로 미장 반죽을 바르거나, 살짝 물기가 빠진 미장을 긁어주면 솔 진행 방향으로 좀 더 깊은 긴 자국이 생긴다. 서양에서는 로즈 버드(rose bud)라 불리는 장미꽃 봉오리처럼 생긴 둥근 솔로 독특한 텍스처를 만든다. 솔에 미장 반죽을 묻혀 벽면에 눌렀다 떼어내면 진득한 미장 반죽이 솔을 따라 올라온다. 톡톡 반죽이 뾰족하게 솟아올라 팝콘이라 불리는 까실까실하고 독특한 문양을 남긴다. 이러한 문양은 소음을 줄이는 데 효과가 있다.

이렇게 텍스처를 찍어낸 후 10~15분 정도 기다렸다가 녹다운 나이프(knock down knife)라 불리는 낭창한 플라스틱이나 렉산 재질의 사각 부채 같은 도구로 눌러주면 띄엄띄엄 우둘투둘하게 눌린 녹다운 텍스처를 만들 수 있다. 만약 이런 도구가 없다면 플라스틱 책받침으로 대체할 수 있다.

까마귀 발 브러시(crow foot brush)는 언뜻 보기에 펼쳐놓은 대걸레처럼 생긴 큰 솔인데, 이것에 미장 반죽을 묻혀 벽면이나 천장에 찍어내면 마치 까마귀 발자국 같은 독특한 텍스처를 만들 수 있다. 철사나 못을 박아 만든 경우 솔로 미장 면을 꾹 찔렀다 떼면 미세하고 촘촘한 구멍이나

로즈 버드 브러시   까마귀 발 브러시   녹다운 나이프   대시 브러시

팝콘 텍스처   까마귀 발 텍스처   녹다운 텍스처

로즈 버드 텍스처   오렌지 필 텍스처   대시 텍스처

미장 텍스처링 솔과 녹다운 나이프로 구현 가능한 패턴들

요철이 생긴다. 대시 브러시(dash brush)라는 두툼한 솔에 미장 반죽을 문혀 벽면을 향해 뿌려주면 굴곡이 있는 아주 거친 질감의 텍스처를 표현할 수 있다. 미리 살짝 흙손으로 발라놓은 미장 면을 빗자루로 쓸어주면 부드럽고 거친 정도에 따라 다양한 빗질 자국이 생긴다.

이처럼 붓이나 솔, 빗자루로 바르거나, 쓸거나, 찍거나, 눌렀다 떼어서 다양한 미장 텍스처를 만들 수 있다. 아마도 이러한 기법들은 엉뚱하고 호기심 많은 이들의 지혜와 경험이 쌓이고 쌓여 축적된 결과일 것이다.

❷ 스펀지, 페인트 롤러, 주름 천

스펀지는 붓이나 흙손만큼 미장 작업에서 자주 이용한다. 만약 흙손을 잘 다루지 못해 거칠게 손으로 미장 반죽을 발랐다면 스펀지는 최적의 마무리 도구다. 살짝 물기가 빠진 미장 면을 물을 묻혔다 꽉 짜낸 스펀지로 닦아내면, 미세한 표면 굴곡이 채워지고 모래가 올라오며 부드럽고 따뜻하며 까실한 느낌의 표면 질감이 생긴다. 하루 이틀 잘 마른 흙 미장을 물 묻힌 스펀지로 살짝 닦아내면 미장 반죽에 포함된 모래나 볏짚이 드러나며 자연스러운 텍스처가 생긴다. 묽지만 점성이 있는 석회 미장이나 흙 미장 반죽을, 듬성듬성 구멍이 뚫리고 우둘투둘한 스펀지에 묻혀서 벽면에 눌렀다 떼어내면 부드러운 오렌지 껍질 같은 느낌의 텍스처를 표현할 수 있다.

거친 털이 달리거나 구멍이 송송 뚫린 스펀지를 끼운 페인트 롤러에 미장 반죽을 바르면 톡톡 솟아오른 팝콘 텍스처 느낌을 낼 수 있고, 10~15분 후 다시 페인트 롤러로 발라주면 오렌지 껍질(orange peel) 느낌을 낼 수 있다. 흙손으로 미장 반죽을 고르게 바른 후 잠시 놔두었다가 롤러로 가볍게 문질러 비슷한 느낌을 표현할 수도 있다. 이 외에도 마감 미장 반죽을 가볍게 바른 후 조금 있다가 주름 잡은 천을 롤러에 감싸 부드럽게 문질러주면 얼룩얼룩한 무늬가 생긴다. 페인트 롤러에 굵은 줄을 듬성듬성 감아서 문지르면 예상하지 못한 텍스처가 표현되기도 한다.

롤러가 없을 경우 헌 옷을 구깃구깃 뭉쳐서 찍어내듯 눌러 텍스처를 만들 수도 있다. 무늬가 새겨진 텍스처 고무 롤러가 있다면 이미 물기가 빠져 꾸둑한 미장 면에 무늬를 새기기에 적당하다. 롤러에 힘을 주어 천천히 무늬가 새겨지도록 굴려주기만 하면 된다. 심지어 구긴 신문지로도

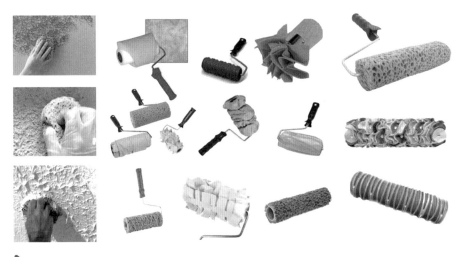

미장 텍스처링 스펀지와 다양한 롤러들

텍스처를 남길 수 있다.

❸ 빗, 톱니 주걱

머리빗이나 빗처럼 만들어진 스크래처, 톱처럼 일정한 간격을 두고 이를 낸 플라스틱 주걱은 줄무늬를 만들 수 있다. 무늬는 빗의 간격이나 굵기에 따라 다르고 작업자가 진행하는 방향이나 모양에 따라 달라진다. 수평, 수직을 맞춰 표시를 미리 해두거나 가이드를 두고 아직 굳지 않은 미장 면을 긁어주면 좀 더 확장되고 높아진 듯한 느낌의 실내 벽체를 만들 수 있다. 사면에 각기 다른 간격으로 이를 낸 실리콘 주걱이나 미장용 톱니 흙손을 이용해도 된다. 이도 저도 없다면 집에 있는 큰 머리빗을 이용하거나 실리콘 장갑을 끼고 손가락을 가지런히 모아서 텍스처를 만들 수도 있다.

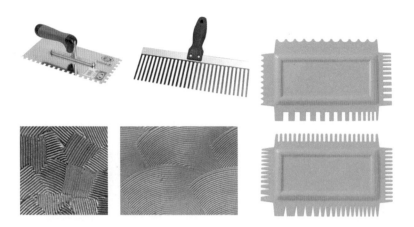

미장 텍스처링 톱니 흙손, 빗, 톱니 주걱과 무늬

5

조 형
미 장 과
천 장   장 식

　　　　　100년이 지나도 떨어지지 않고 온전한 미장 벽을 바라보다가 문득 이상한 조형물을 발견한다. 근대 건축에 매혹되어 살피다가 천장이나 문 주변, 차양 하부에 입체적으로 도드라진 벽 장식을 발견하기도 한다. 그 조형물과 장식들은 돌을 깎아 만들었다고 하기엔 너무나 부드럽고 섬세하다. 그것은 근대 건축에서 일익을 담당했던 미장 장인들이 기술과 예술혼을 불어넣어 만든 미장 작품들이다.

일본의 미장 예술 고테에

고테에(こてえ)는 석회 미장을 활용해서 벽체 부조를 만드는 미장 예술이다. 고테(こて, 鏝)는 미장 흙손이고, 에(え, 絵)는 그림을 뜻하니, 말 그대로 고테에는 '흙손 그림'을 뜻한다. 하지만 그림이라기보다 부조에 가깝다.

고테에는 단순한 조각이 아니라 채색 석회로 화려하게 만든 부조다. 에도 시대 중후반부터 주로 흙과 목재로 지은 창고의 방화 대책으로 석회 미장이 장려되었는데 이때 코데에도 함께 발달했다. 에도 막부가 벽의 크기나 기와 사용을 제한하던 정책을 풀고 창고 건설을 장려하면서 석회 미장과 고테에 장식이 늘었다.

고테에 도안은 초기엔 주로 물을 주제로 했다. 창고 화재를 막겠다는 주술적 의미였다. 시간이 지나면서 창고가 아닌 다른 건물에도 고테에가 적용되기 시작했다. 점차 도안도 풍요를 상징하는 불, 어린이의 생명력, 설화, 이야기, 전설, 친근한 동물이나 상상 속 동물 등 풍요와 행복, 장수와 건강을 바라는 기복적 내용이 담겼다. 부자들은 고테에 장식을 부와 성공의 상징으로 여겼다. 신사에는 가장 복잡한 고테에가 만들어졌다.

석회 미장으로 만든 고테에 용 장식

에도 중기에는 고테에 기법과 기교가 예술의 경지에 이르렀다. 에도 후반에는 솜씨 좋은 미장 장인들이 예술가로서 대접을 받았다. 이후 여러 전쟁을 거치며 전통 기법이 쇠퇴하고 장인들이 사라져갔다. 그러다 일본의 전통 치장 미장 기법은 메이지 시대에 들어 서양의 미장 기법과 결합하면서 수준이 높아졌다. 서양의 영향을 받으며 더욱 발전한 고테에는 일본의 근대 건축 장식에 자주 이용되었다. 지금은 고테에 전국대회가 개최될 정도로 확산되었다.

고테에와 서양 미장 기법의 결합 과정은 시마네현 이와미의 고테에 장인인 마쓰우라 에이키치(松浦米吉, 1858~1927)의 작업들을 통해 분명하게 드러난다. 시마네현 이와미에는 쇼와 30년대부터 만들어진 고테에 작품이 많이 남아 있다. 고향을 떠난 가난한 장인들이 돈을 벌면 고향 신

채색 석회로 만든 근대 고테에 장식

사에 고테에를 봉납하거나 고향 집을 고치며 화려한 고테에를 새겼다. 에도 막부 말기부터 메이지 시기에 걸쳐 미장 장인들은 격동의 근대를 거치며 더욱 화려한 조각을 고테에로 만들어 서로 실력을 겨루었다.

이와미 긴잔에 있는 신사의 보물 창고 외벽에 고테에로 만든 입체적 용 장식이 있다. 이 용 장식은 상하이에서 영국 스타일의 석고 장식을 연구한 마쓰우라 에이키치의 작품이다. 마쓰우라의 행보를 통해 일본 고테에의 발전 경로를 이해할 수 있다. 마쓰우라는 도쿄에서 미장 장인으로 활동했다. 그는 외무성의 의뢰로 상하이 영사관 건축을 위해 중국에 가게 되었다. 상하이에서 마쓰우라는 천장 경계를 주름 장식하는 영국식 장식 미장을 습득했다. 요즘은 이것을 대신해 목재나 플라스틱 재료로 만든 몰딩 장식을 부착하는데, 과거에 몰드, 즉 주조 기법의 석회나 석고로 치장한 데서 유래해 굳어진 명칭이다.

상하이에서 일본으로 돌아온 마쓰우라는 영국식 장식 미장 기법을 일본에 보급했다. 그는 오사카에서 우정관리국의 서양식 목조 건축에 참여하며 이 기법을 적용했다. 이후 시모노세키 산요 호텔과 후쿠오카 의대와 공대를 세울 때도 참여했다. 그는 일본의 전통 고테에와 서양 기법을 결합했다. 전통 고테에뿐 아니라 상하이에서 영국식 벽체 조각과 천장 장식 미장, 조형 몰딩 기술을 습득한 터라 당시에 "미장의 신"으로 불렸다. 일제 시대 대구와 경성의 근대 건축 작업에도 참여했다.

일본의 미장 장인들은 조선의 근대 건축에도 자신의 작품을 남겼다. 우리 주변의 근대 건축물에서도 장식 미장으로 만든 부조물을 자주 목격할 수 있다. 우리는 고테에 기법에 대한 이해나 관심이 부족하다. 만약 근대 건축물을 제대로 재생하려 한다면 이 기법을 복원할 필요가 있다.

영국식 장식 석회 미장

마쓰우라가 배운 영국식 장식 미장 기법은 무엇이었을까? 유럽에서는 벽 장식을 할 때 두 가지 재료를 자주 사용했다. 하나는 석회이고, 다른 하나는 석고였다. 초기 벽이나 천장 장식 작업에는 석회 미장 부조가 자주 사용되었다. 과거에는 석회 미장 기법이 석고에 비해 비용이 적게 들었기 때문이다. 그러나 석회는 벽체 장식을 만들기에는 힘든 재료였다.

석고는 비싸지만 다루기 쉬운 재료였다. 틀에 넣어 빠르게 형태를 만들 수 있었다. 19세기 후반 대량 생산되면서 저렴하게 이용할 수 있는 재료가 되었다. 석회는 기경성 재료로 공기 중의 이산화탄소와 결합하면서 서서히 석회암이 된다. 석고는 수경성 재료로 물과 반응해서 15~20분 만에 단단하게 굳는다. 각각 장점을 갖고 있기 때문에 서양에서는 벽 장식을 할 때 석고와 석회를 자주 함께 사용했다.

18세기 중반 로코코 형식의 천장 장식과 벽 치장에 자주 이용된 재료는 스타코 듀로(stucco duro)였다. 이 석회 미장은 석회를 강화시키는 벽돌 가루와 가장 중요한 재료인 대리석 가루를 혼합했다. 스타코 듀로는 이탈리아와 남부 유럽에서 주로 유행했는데, 정교한 로코코 천장 장식의 꼬임과 회전, 복잡한 곡선과 얽힌 모양은 대리석 가루를 첨가하지 않으면 구현하기 어려웠다.

대리석을 구하기 어려웠던 영국의 장인들은 석회 미장에 동물의 털을 혼합한 미장재를 사용했다. 이러한 기법을 '섬유 석회 미장(fibrous lime plaster)'이라 불렀는데 단순히 석회 미장에 섬유를 넣는 방식이 아니었다. 나무틀 위에 석회 반죽을 바르고, 그 위에 다양한 동물성 털이나 황마 섬유를 깔고, 다시 석회 반죽 깔기를 반복하는 방식이었다. 이 방법은 현

섬유 석회 미장 기법으로 만든 천장 장식

대 FRP 제조 방식과 유사하다. 기존 석회 미장 장식에 비해 가벼운 게 특징이고 수명과 내구성이 길다. 미리 만들어서 부착하면 되는 손쉬운 방법이었기 때문에 천장 장식을 양산할 수 있는 기법으로 발전했다.

 섬유 석회 미장 장식은 19세기 중반 영국에서 빅토리아 시기 건축에 대거 사용되었다. 당시 지어진 극장의 대부분은 이 방식으로 벽면과 천장을 치장했다. 대개 이렇게 만든 장식들은 굳기 전에 장식 안에 끼워 넣은 강선이나 철제 고리를 사용해서 천장에 매달거나 나무틀에 못을 박아서 고정했다.

이때 석회 미장의 수축을 최소화하기 위해 다양한 입자 크기의 모래를 섞어 넣었다. 바탕보다 표면층으로 갈수록 더 곱고 미세한 모래를 첨가하고 첨가량도 줄였다. 석회 미장의 강도를 높이기 위해 다양한 두께의 동물성 털을 사용했는데, 주로 소 털을 사용했고 마감할 때는 염소 털을 사용했다. 나중에는 황마를 많이 사용했다. 현대에는 종종 유리섬유를 사용한다. 강도를 높이기 위해 다양한 미네랄 첨가제를 넣기도 한다. 미장 장식 조각의 굳는 속도를 조절하기도 했는데, 석회 미장에 명반과 석고를 넣어 빨리 굳게 하기도 하고, 동물성 접착제인 아교나 소변을 넣어서 형태를 잡을 동안 너무 빨리 굳지 않도록 했다.

석회 미장으로 벽체 장식을 만들 때 자주 사용하는 방식은 형태에 따라 겹겹 미장층을 쌓아가며 장식을 만드는 것이다. 이 방식은 좀 더 자유롭고 예술적인 디자인의 조각을 표현할 때 적합하다. 천장 경계 장식이나 문 치장과 같은 다소 정형적인 건축 장식을 만들 때는 미장 갈비라 불리는 나무틀과 런(run)이라 불리는 지그를 사용했다. 석회 반죽은 무르기 때문에 굳기 전에 이것을 잡아줄 틀이나 장치가 필요하다. 미장 조각 안쪽에 넣어둔 금속 고리를 걸거나, 나무 널외로 만든 미장 갈비를 미리 벽에 고정한다. 널외로 만든 미장 갈비로 장식 조각의 기본 형태가 되는 바탕틀을 만들어 미리 벽체에 단단하게 부착하면, 얇게 미장해서 가벼운 장식을 만들 수 있다. 요즘에는 나무 널외 외에도 좀 더 가벼운 금속 각재와 금속 망으로 만든 미장용 금속 갈비망(metal rib lath)을 사용한다.

처마 장식이나 천장 몰딩과 같은 긴 장식일 경우, 금속을 원하는 장식의 반전된 윤곽으로 잘라낸 '런'이라는 성형 지그(molding profile 또는 molding knife)를 사용한다. 런으로 미장한 반죽을 밀어서 장식을 사출하듯 깔끔하게 형태를 잡을 수 있다. 장인들이 빠르게 달리듯이 움직이며 미장 반죽을 쭉 밀어내기 때문에 '런(run)'이란 이름이 붙었다. 런은 여러 형태로 만든 것을 교체해 가며 사용해야 하고, 금속으로 만든 런이 떨리지 않게 나무로 된 성형 말(molding horse)에 끼워서 사용한다. 석회는 대개 금속을 부식시키기 때문에 아연 도금한 금속으로 런을 만든다.

벽체에 미리 미장 갈비를 고정한 후 여기에 바로 치장 미장 작업을 하는 경우가 있고, 지면에서 나무 널로 만든 틀 위에 섬유 석회 미장 기법으로 장식을 만든 후 굳고 나서 벽체에 고정하는 방식이 있다. 모서리, 연귀

🔨 천장 경계의 장식적 미장 몰딩

등 연결성 있게 작업하기 어려운 부분은 따로 석고로 만든 후에 접착제
나 못, 나사로 고정한다.

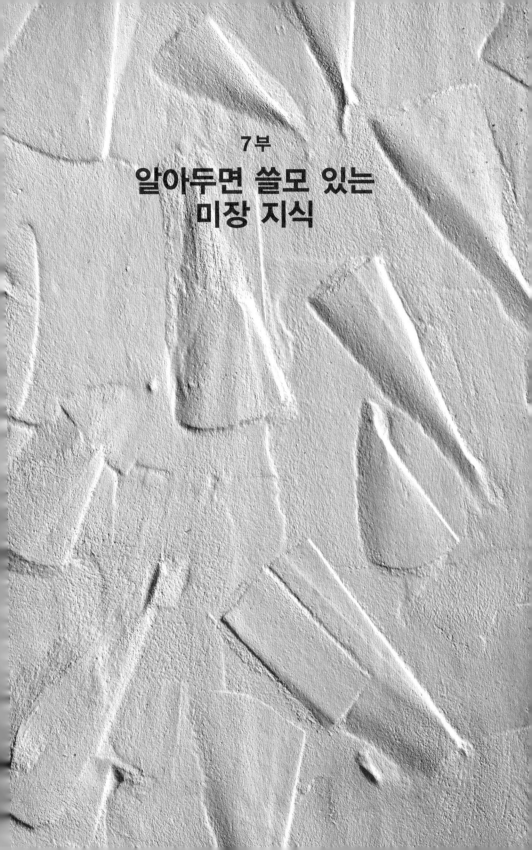

7부
알아두면 쓸모 있는
미장 지식

1

미 장
장 인 의
도 구 들

"한국 사람들은 흙손 하나만 있으면 못하는
게 없다"는 말은 무지의 소치다. 공예의 발달은 도구의 발달과 함께한다.
미장도 마찬가지다. 만약 미장에 사용하는 도구가 흙손 하나였다면 미장
이 발전하지 못했을 것이다. 다행히도 미장 장인들은 용도별로 다양한 도
구들을 사용하며 발전시켜 왔다. 현대 미장에서 가장 자주 사용하는 기본
흙손만 하더라도 종류가 여럿이고, 흙손 외의 미장 도구도 각양각색이다.

삽

건축 작업의 기본 도구다. 흙, 모래, 자갈, 석회 등 다양한 재료를 뜨고, 옮
겨 담고, 섞는 등 재료를 준비할 때 사용한다. 끝이 뾰족한 모삽이 있고
평평한 평삽이 있다. 긴 설명은 사족이다.

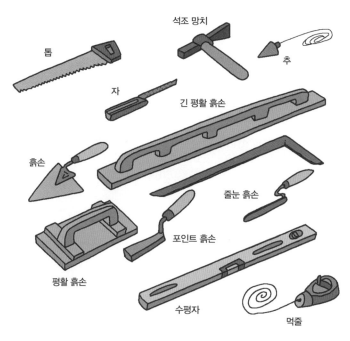

톱

석조 망치

추

자

긴 평활 흙손

흙손

줄눈 흙손

포인트 흙손

평활 흙손

수평자

먹줄

사각 흙손,
평활 흙손을 이용해
반반하거나 광택 나는
벽면 표현

채, 주걱 흙손, 솔,
붓으로
뿌리거나 튀겨서
거친 면 표현

못이 달린 스크래처나
요철 롤러, 빗 등을
이용해서 우둘투둘
파인 거친 면 표현

주걱(모종) 삽으로 덜 마른
미장 면에 자갈을 뿌려
붙인 후 롤러나 나무판으로
다져 붙인 면 표현

정과 망치, 조각도,
석조 망치로 파거나
조각해서
조형적 면 표현

장인의 미장 도구들

채

가루, 액체 등을 거르는 도구다. 미장 작업에서는 흙, 모래, 볏짚 등 재료에서 불순물을 걸러내거나, 일정한 크기로 입도를 맞추고자 할 때 사용한다. 풀을 쑤고 나서 덩어리진 것을 걷어낼 때도 채를 사용한다. 채는 KSA 5101-1 기준에 따라 규격을 구분하는데 호수가 클수록 더 고운 채이다. 4호 채(망)의 눈 크기가 4.750mm라면 70호는 0.212mm, 500호는 0.025mm이다.

작두

볏짚이나 섬유재를 잘게 자를 때 사용한다.

반죽통

미장 재료를 한데 섞어 반죽하기 위해 사용하는 통이다. 삽이나 쇠스랑 등으로 재료를 갤 때는 넓고 낮은 반죽통을 사용하는 게 편리하고, 회전력이 큰 전동 교반기로 섞을 때는 깊은 통을 사용해야 반죽이 튀지 않는다.

양동이

미장 재료나 미장 반죽을 소량으로 담아 운반하거나 할 때 사용하는 통이다. 요즘에는 주로 플라스틱 통을 사용한다. 재료를 대충 계량할 때도 사용한다.

기본 미장 도구들과 다양한 형태의 흙손들

교반기

시멘트 모르타르 또는 흙 미장재를 섞을 때 전동 교반기를 사용한다. 대용량일 때는 통돌이형 교반기를 사용한다. 교반기가 없을 때는 주걱 흙손이나 삽, 큰 포장을 이용하기도 하는데, 이럴 경우 몇 배의 작업 시간과 인력이 필요하다.

흙받이

흙손으로 바르기 편하게 미장 반죽을 소량씩 떠놓는 판이다. 동서양 흙받이의 손잡이 위치와 형태가 조금 다르다. 서양의 석회 반죽용 흙받이는 석회 반죽을 던질 수 있도록 꺾여 있는 것도 있다.

흙손(미장칼)

일반적으로 흙손이라 하는데 흙칼, 미장칼, 미장손이라고도 한다. 일본 말로 '고데(こて, 鏝)'라고도 불린다. 앞날이 뾰족하거나 살짝 둥근 각이 특징이다. 중국, 일본 등 동양권 문화에서 많이 사용된다. 일반적으로 흙 손은 초벌 미장을 빠르게 작업하기에 좋다. 뾰족한 앞날을 이용해 이물 질을 걷어내거나 부분적으로 보수하기에도 편리하다. 다양한 크기와 재 질의 흙손이 있다.

서양 흙손

직사각형 모양이며, 현장에서 '양고데'라고 불린다. 한자와 일본말의 조 합으로 '서양 흙손'이란 뜻이다. 초벌한 미장 면을 고르거나 넓은 면적을 평평하게 펼 때 사용한다.

평활용 흙손

흙손 미장날은 나무나 플라스틱 재질로 되어 있는데, 플라스틱 재질은 바 닥에 격자 홈이 있어 표면 수평을 잡을 때 사용한다. 예전에는 나무로 만 들어 썼으나 지금은 주로 플라스틱으로 만든 걸 사용한다. 현장에서 '기 고데(きこて, 木鏝)'라고 부르는데 일본어로 '나무 흙손'이라는 뜻이다. 과 거에는 면을 평활하게 만들 때 주로 나무 흙손을 사용했기 때문에 붙여 진 이름이다.

줄눈 흙손

파벽 타일이나 벽돌 사이사이에 줄눈(메지)을 넣을 때 사용하는 가는 흙

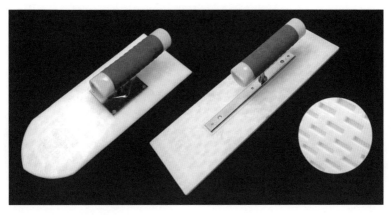

평활용 플라스틱 흙손

손이다. 가는 틈새, 굵은 틈새, 각진 틈새 등 용도에 따라 모양과 길이가
다양하다.

모서리 흙손

벽 바깥쪽 구석이나 모서리를 마감할 때 사용하는 도구다. 구석용, 모서
리용 두 가지가 있다.

톱니 흙손

타일 본드나 미장 반죽을 벽에 바르고 긁어낼 때 많이 사용한다. 흙 미장
에서 초벌 미장과 재벌 미장의 들뜸 현상을 줄이기 위해 요철을 만들 때
도 사용한다. 골의 넓이에 따라 대골, 중골, 소골로 구분한다.

주걱 흙손

벽돌 조적용으로 많이 사용하는 흙손이다. 미장 반죽을 개거나 뜰 때도 사용한다. 현장에서는 '렝가 고데(れんがこて)'라 부르는데 '벽돌 흙손'이란 뜻이다.

고무 흙손

타일 작업 후 타일과 타일 사이에 압착 시멘트를 메울 때 사용하는 공구이다.

플라스틱 흙손

흙 미장에서 초벌 미장 후 매끄럽고 고운 표면 마감을 위해 사용한다. 플라스틱 흙손이 아닌 스테인리스나 금속 흙손으로 작업을 하게 되면 금속 마찰에 의해 표면에 금속 오염이 생긴다. 하지만 빈티지한 느낌을 표현하기 위해 일부러 오염을 발생시키기도 한다.

조각도

아직 굳지 않은 미장 면을 깎아 음양각 문양을 표현하거나 조형적으로

섬세한 작업을 위한 작은 미장칼과 조각도들

다듬을 때 조각도를 사용한다. 조소나 도예 작업에 사용하는 조각도다.

미장 스탬프

아직 덜 마른 미장 면에 반복된 문양을 새겨 넣기 위해 미장 스탬프를 사용한다. 나무, 플라스틱, 고무 등의 재질로 만들어졌다. 도장형, 롤러형, 판형 등 다양한 형태가 있다.

스크래처

미장 면을 긁어서 물리적 요철을 만들거나 미장 면에 거친 질감을 주고자 할 때 스크래처를 사용한다. 톱날, 빗, 쇠솔 등 다양한 스크래처가 있다.

미장 면을 긁기 위해 사용하는 스크래처

미장 분무기

미장 반죽을 고압의 공기압으로 분사하는 도구다. 플라스터링 건 (plastering gun)이라고도 부른다. 에어컴프레서에 부착하여 사용하는데 노즐의 크기나 공기 압력으로 분사량이나 미세한 정도를 조절할 수 있다. 흩뿌리기 위해서 분무기 앞에 여러 개의 날개를 달아놓은 스캐터 (scatter)도 이용한다.

붓

미장 작업 시 붓은 흙손만큼이나 자주 사용하는 도구다. 미장 면을 정리하거나 석회칠을 할 때 사용한다.

솔

거친 솔은 미장 도구를 닦을 때 사용한다. 쇠솔은 미장 면을 긁어 요철을 만들거나 거친 표면 질감을 만들 때 사용한다. 부드럽지만 두꺼운 것이 많이 달린 솔은 미장 반죽을 벽면에 뿌릴 때 사용한다. 컴프레서나 고압 분무기가 없던 때 반죽을 벽면에 거칠게 흩뿌리기 위해 솔을 사용했다.

스펀지

도구를 닦거나 미장 면을 다듬을 때 스펀지를 사용한다. 미장 작업 후 아직 완전히 마르지 않은 미장 면을, 물을 묻혀 짜낸 스펀지로 가볍게 돌려가며 다듬으면 거친 굴곡을 펴고 부드럽게 마감할 수 있다.

2

미장의
균열을 줄이는
방법

미장 작업에서 균열은 가장 흔하고 해결하기 쉽지 않은 하자다. 균열이 일어난 틈새로 빗물이 지속적으로 침투하여 벽체가 썩을 수도 있고, 겨울철이라면 동결과 해빙이 반복되면서 미장이 탈락할 수도 있다. 어떻게 균열을 줄일 수 있을까?

균열의 다양한 원인

문제의 원인을 명확히 알아야 해결 방법을 찾을 수 있다. 자연 미장에서 균열이 발생하는 가장 큰 이유는 주재료인 흙이나 석회가 마르면서 수축하기 때문이다. 물, 풀, 모래, 볏짚을 적정한 비율로 혼합해서 균열을 줄이거나 없앨 수 있다. 그러나 재료의 혼합비를 아무리 잘 맞춘다 해도 한 번에 너무 두껍게 미장 반죽을 바르면 균열이 일어난다. 얇게 여러 번 나누어 바르는 것이 좋다.

물의 양을 줄이면 균열을 줄일 수 있다.

물은 반죽의 농도나 점성을 조절할 수 있는 희석제다. 적절한 양으로 혼합하면 물 분자와 다른 재료 사이의 전기적 인력으로 점성이 생기고 바르기 편한 농도가 된다. 그러나 너무 많은 물을 혼합하면 마를 때 물이 빠져나간 자리에서 균열이 발생한다. 모래나 볏짚을 혼합한 경우 주재료인 흙을 기준으로 대략 0.5~0.6 분량의 물을 혼합한다. 하지만 이 또한 절대적이지 않다. 재료의 혼합비에 따라, 재료가 이미 함유하고 있는 수분량에 따라, 미장 두께에 따라, 작업할 때 날씨에 따라, 바탕면의 종류나 상태에 따라 물의 양은 달라질 수밖에 없다.

일본의 미장 장인인 슈헤이 하사도가 '미장은 물의 흔적이 남기는 예술'이라고 표현한 이유를 알 듯하다. 미장에서 물의 양은 장인의 오래된 감각에 따라야 하는 암묵지이자 예술의 영역이라 할 수 있다.

물의 양을 줄이면 균열을 줄일 수 있는 것은 분명하다. 그러나 물을 너무 적게 넣으면 된 반죽이 되기 때문에 바르기 어렵고 미장 면이 지저분해진다. 물의 양을 줄이면서도 이런 문제가 생기지 않게 하려면 어떻게 해야 할까? 세계 전통 미장법들을 살펴보면 극히 미량의 기름을 반죽에 넣었다. 그러나 그 적당량이 어느 정도인지 알기는 쉽지 않다. 적당한 양의 풀을 넣으면 물을 적게 넣고도 바르기 편해진다. 풀은 보수성이 있어 반죽이 마르는 것을 제어한다. 천천히 마르게 하기 때문에 균열을 줄이는 데 도움이 된다. 그렇지만 풀의 종류에 따라서 결과가 다르다. 어떤 풀은 오히려 반죽이 너무 되직해져 작업성을 떨어뜨리기도 하고, 수축률을 높여 미장이 마르면서 떨어지기도 한다.

핵심은 물을 적게 넣고도 벽면에 미장하기에 적당한 농도로 반죽을 만드는 것이다. 도대체 어떻게 적당한 반죽을 만들 수 있을까?

오랫동안 친분을 쌓아온 카일 홀츠휘터(Kyle Holzhueter)를 통해 답을 얻을 수 있었다. 그는 일본에서 미장 장인으로 활동하고 있는 독일계 미국인이다. 그의 말에 의하면 일본의 장인들은 반죽을 만들 때 풀을 넣든, 기름을 넣든, 물을 넣든 한꺼번에 넣지 않는다. 조금씩 나누어 양을 늘려가며 넣고 매번 손으로 만져보면서 적당한 반죽의 농도와 점도를 찾는다. 적당한 반죽이다 싶을 때 흙손으로 반죽을 뜬 후 살짝 기울여본다. 너무 빠르게 반죽이 흙손에서 미끄러져 내리면 묽은 것이고, 들러붙어 미끄러지지 않으면 너무 된 반죽이다. 반죽이 천천히 '스윽' 미끄러지며 흙손에 눌어붙지 않고 자국을 적게 남긴다면 가장 적합한 농도의 반죽이다.

그다음은 장인의 오랜 경험으로만 알 수 있는 영역이다. 장인의 기술은 책이나 영상 자료로는 다 알 수 없다. 오랜 숙련 과정을 통해 후대에 전수해야 할 이유가 여기에 있다.

모래의 양을 늘리면 균열을 줄일 수 있다.

모래는 물에 젖든 마르든 부피에 변화가 없다. 전체 반죽에서 수축률이 큰 흙이나 석회의 비율을 줄이고 모래의 비율을 높이면 수축을 줄일 수 있다. 흙 반죽의 경우 대개 흙 양의 1.7~2배를 넣는다. 물론 흙이 점토인지, 모래가 이미 포함되어 있는 마사토인지에 따라 모래의 양은 달라질 수 있다. 모래 혼합비를 높이면 균열이 줄고 강도가 높아지는 것은 분명하지만, 미장 반죽을 바를 때 어렵고 미장의 두께가 두꺼워질 수 있다.

섬유재를 넣으면 균열을 줄일 수 있다.

모래가 많으면 빗물에 약해지고 부서지기 쉽다. 점성이 떨어진다. 떨어지는 점성을 높이기 위해 풀을 섞어 보완하거나 모래 함량을 줄이기도 하지만, 볏짚과 같은 섬유재를 넉넉히 넣어주어도 균열을 줄일 수 있다. 서양이 주로 모래 함량을 높이는 방법으로 미장의 균열을 조절하고자 했다면, 동양에서는 볏짚과 같은 섬유재로 균열을 잡으려 했다. 물론 볏짚을 너무 많이 넣으면 미장의 강도가 약해진다. 바르기도 쉽지 않다. 이 때문에 볏짚을 흙이나 석회, 물과 미리 섞어 숙성시켜 사용한다. 볏짚을 숙성시키면 부드러워지고 반죽의 점성이 높아지기 때문이다.

미장 반죽에 혼합하는 볏짚의 양도 절대적 기준은 없다. 볏짚의 길이나 두께, 숙성 정도에 따라 다르고, 함께 혼합하는 모래의 양에 따라서도 달라진다. 대략 부피를 기준으로 했을 때 볏짚의 양은 흙 양의 1~0.25까지 다양하다. 이러니 무슨 공식처럼 혼합 비율을 외울 수도 없다. 이 역시 장인들의 방법을 참조한다. 미장 장인들은 섬유재와 혼합한 반죽을 미장 흙손에 얇게 뜬 후 미장 흙손(미장칼)의 옆 날 바깥으로 삐져나온 섬유의 간격을 보고 판단한다. 가는 섬유를 사용한 석회 미장인 경우 약 1mm 내외로 섬유재가 촘촘해야 적당하다고 본다. 그러나 초벌 미장(1차 미장)이거나 재벌 미장(2차 미장)일 경우, 두꺼운 볏짚을 사용할 경우 그 간격은 이보다 넓을 수 있다.

얇게 여러 번 나누어 바르면 균열을 줄일 수 있다.

여러 자료에서 계속 확인할 수 있는 균열을 줄이는 공통 지침은 얇게 여러 번 나누어 바르는 것이다. 보통 초벽에 바르는 초벌 미장은 두껍고 모래를 혼합하지 않기 때문에 균열이 생길 수밖에 없는데, 이때 균열은 그 다음 재벌 미장을 위한 요철 역할을 한다. 숙련자라면 굳이 초벌 미장까지 나누어 바르지 않아도 되지만 재벌 미장 이후부터는 여러 번에 걸쳐 나누어 발라야 한다. 앞에서도 언급했지만 거칠게 바르고, 평활하게 편 후 다시 이 위에 얇게 덧바른다. 가장 섬세한 마감 미장도 물론이다. 여러 번 나누어 덧바르는 것이 균열을 줄이는 확실한 방법이다.

망이나 그물을 사용하면 균열을 줄일 수 있다.

반죽의 점성을 높이기만 한다고 미장이 벽면에서 떨어지지 않는 것은 아니다. 돌, 벽돌, 시멘트, 합판, 목재 등 물성이 다른 바탕면에 미장 반죽을 바르면 바탕면과 미장 면의 온도와 습도의 변화에 따른 신축 정도가 다르기 때문에 결국은 탈락이나 균열이 생긴다. 탈락을 막는 확실한 방법은 바탕면에 스테인리스 라스, 메탈 라스, 플라스틱 파이버 메시, 천연 섬유 망이나 그물, 심지어 왕골 발이나 갈대 발 같은 다양한 재료로 미장 반죽이 들러붙을 수 있는 물리적 요철면을 만드는 것이다. 목재 구조와 닿는 부분이거나 목질 판재 위에 미장을 바른다면 접촉 부위 또는 접촉면에 반드시 미장 망을 단단히 부착해 두어야 한다. 미장 망은 현대 미장 공사에서 자주 사용하는 재료다. 목구조와 미장이 접촉하는 면은 가능한 한 점성이 높고 모래 함량을 높인 반죽을 부분적으로 사용한다. 망 부착을 전면적으로 하기 어려울 때는 가는 섬유 다발로 미장 수염을 만들어 못으로 박고 펼친 후 이 위에 미장하기도 한다.

봄이나 가을에 미장하면 균열을 줄일 수 있다.

흙 미장이든 석회 미장이든 영상 5도 이하, 영상 32도 이상 온도에서는 작업하지 말아야 한다. 겨울에 미장하면 반죽의 물이 얼고 녹기를 반복하면서 미장 면이 부스러진다. 너무 기온이 높으면 빨리 마르기 때문에 역시 균열이 생기기 쉽다. 실내 미장이라면 상황이 좀 다르겠지만 가능하면 봄이나 가을에 미장하는 것을 추천한다. 바람이 많이 부는 날이라면 바람막이를 해두고 미장하는 게 좋고, 볕이 내려쬐는 벽면이라면 차양막을 설치하고 미장해야 한다. 강한 바람과 강한 볕은 미장 면을 너무 빠르게 건조시킨다. '미장은 시간의 예술'이란 말이 있다. 천천히 마를 수 있도록 기다려야 한다.

3

근대
건축의
미장 수리

최근 근대 건축물 재생이 유행이다. 그런데 건축 외형과 달리 내부 인테리어는 근대의 건축 방식대로 재생하기보다는 그 흔적을 과도하게 지우는 방식으로 재생하는 경우가 있어 안타깝다. 근대 건축물 중 상당수는 석조와 목조가 섞여 있다. 내벽은 목구조에 나무 널외를 짜고 이 위에 석회 미장을 한 경우가 적지 않다. 오랜 세월을 거치며 파손이 되어도 석회 미장을 보수할 수 있는 방법을 아는 사람이 드물다. 이 때문에 손쉽게 석고 보드로 덮는 경우가 많다. 널외 위에 석회 미장한 벽을 보수하는 방법을 알아둘 필요가 있다.

석회 미장은 비교적 단단하고 오랫동안 유지된다. 그럼에도 석회 미장에 하자가 발생하는 이유는 구조적 문제이거나, 미장할 때부터 재료 혼합에 문제가 있었거나, 잘못 건조되었거나, 물기 때문이다.

구조적 문제

미장의 문제라기보다는 건물의 구조적 문제 때문에 미장에 균열이 일어날 수 있다. 구조적 응력 때문에 생긴 균열은 보통 벽에 대각선으로 나타난다. 목재 문틀이나 창틀 주변에 균열이 자주 발생한다. 문틀 위의 하중을 받는 목구조인 헤더나 인방 부분이 부실할 경우 하중을 견딜 수 없게 되면서 주변에 응력 균열이 일어난다.

창이나 문틀 주변에 금속 망을 부착하여 미장하거나 신축 유격을 만들어준다.

구조적 문제로 균열이 일어났을 경우 미장을 까내고 창이나 문틀 주위의 널외 위에 금속 망을 부착한 후 다시 미장하면 응력 균열을 방지할 수 있다. 전쟁 후 지어진 주택의 경우 충분히 건조되지 않은 목재를 사용해서 습도나 기온의 변화에 따른 신축 정도가 심할 수 있다. 이 경우 창틀이나 문틀 주위로 미장을 잘라내서 목틀과 미장 사이 신축 유격을 만들어준다.

벽에 대각선으로 생긴 균열은 지반이 무른 경우 건축 초기 건물이 자리를 잡는 과정에서 생기거나, 주변 도로 혹은 철도 등의 진동에 의해 발생한다. 수평으로 발생한 균열은 널외 자체가 헐거워졌을 때 발생한다. 흔들거리는 널외를 고정하거나, 그 위에 금속 망을 부착한 후 미장한다.

불량한 미장 혼합

반죽 혼합이 잘못되었을 경우 수년 후 미장 벽에 문제가 나타난다. 너무 많은 모래를 혼합한 석회 반죽을 사용했을 경우 박리 현상이 일어날 수 있다. 골재로 질석이나 펄라이트를 사용한 경우라면 습기를 빨아들이면서 약해져 미장 면이 조금씩 떨어진다. 미장 면이 너무 얇은 경우도 하자가 발생한다. 널외 위에 석회 미장할 경우 미장은 최소 2.5cm 이상 두꺼워야 한다. 한 번에 이 두께를 바르는 것이 아니라 보통 두 번에 나누어 바른다. 반죽이 잘못되었거나 미장이 너무 얇다면 미장 면 전면에 하자가 발생하기 때문에 전면적으로 다시 미장하거나 덧미장해야 한다.

부적절한 양생

부적절한 건조와 양생으로 미장이 약해질 수 있다. 석회 미장은 4시간

내에 어느 정도 건조되지 않으면 약해진다. 미장한 후에 적절한 온도와 환기를 유지하는 것이 내구성 있는 석회 미장 작업의 핵심이다. 온도가 너무 높으면 미장 반죽이 지나치게 빨리 건조되면서 상하단 미장이 분리될 수 있다. 습도가 너무 높을 때도 마찬가지다. 너무 온도가 낮아도 문제가 된다. 봄과 가을이 미장하기에 좋다.

물기

수분 문제로 발생하는 현상은 미장 면의 백화 현상이다. 일종의 마른 거품처럼 일어나는데 지속적으로 미장 면이 물기에 노출되기 때문이다. 우선 물기에 자주 노출되는 원인부터 해결해야 한다.

도색 미장

만약 널외에 화학물질이 묻어 있었다면 석회 미장 면으로 얼룩이 올라올 수 있다. 얼룩이 생기는 또 다른 이유는 미장이 완전히 마르기 전에 그 위에 칠을 했을 경우다. 석회 미장 면은 최소 3~4개월 이상 완전히 건조된 후에 도색을 해야 한다. 벽지를 바를 경우 최소 1년 이상 미장 벽을 건조해야 한다. 만약 석회 미장 벽에 칠 벗겨짐 현상이 생겼다면 칠을 깔끔히 벗겨내고 표면을 갈아낸 후 셸락과 같은 접착제나 셸락이 포함된 프라이머로 다시 도색한다. 목욕탕처럼 습기가 많은 곳이라면 라텍스 페인팅이 적합하다.

석회 미장의 전면 재시공

석회 미장의 전면 교체는 비용이 많이 들기 때문에 신중해야 한다. 역사적 중요성이 있는 근대 건축이라면 미장 자체가 중요한 요소다. 가능하면 그대로 두고 수리해야 한다.

석회 미장 철거

파손이 많고 오래된 석회 미장을 제거하는 일은 악몽이다. 먼지가 많이 나기 때문에 마스크와 보안경, 모자, 긴팔 옷을 착용하고 작업해야 한다. 옛 건물에는 납이 혼합된 페인트를 사용한 경우도 많다. 미장 벽을 깨거나 자르고 벗겨낼 때는 가능하면 주변으로 충격이 가지 않게 하는 게 좋다. 아직 양호한 공간의 미장을 느슨하게 만들 수 있다.

잔 균열

석회 미장의 미세 균열은 심각한 하자가 아니다. 미세한 균열은 균열 주위를 V 커팅하여 벌려놓고 덧미장해서 수리할 수 있다. 종종 드라이월 테이프를 균열 부위에 붙이고 접착력이 높은 드라이월용 컴파운드를 발라 보수하기도 한다. 컴파운드를 바른 후에는 완전히 굳기 전에 갈아서 주변 부위와 면을 맞춰야 한다. 완전히 굳으면 갈아내기 어렵다.

들뜬 미장 벽

수박이 잘 익었는지 확인하듯이 벽을 두들겨서 들뜬 미장 벽을 확인할 수 있다. 들뜬 부분은 통통 빈 소리가 난다. 이 경우 들뜬 부분을 벗겨내고 수리하려 해서는 안 된다. 계속 주변 미장 면이 벗겨지면서 더 큰 문제를 일으킨다. 섬유가 포함된 벽지나 석회를 함침시킨 천을 덧붙여서 들뜬 미장 면을 잡아주는 것 외에 달리 방도가 없다. 미장 면 위에 이미 칠

잔 균열의 수리 방법. 미장 테이프를 부착하고 미장 컴파운드를 덧발라서 보수한다.

을 했거나 벽지를 바른 경우에도 미장이 들떠 있다면 다시 벽지를 덧바르는 것이 현명하다.

미장 탈락

초벌 미장 면과 그 위에 덧바른 재벌 미장 면이 분리되어 벗겨지는 경우가 있다. 초벌 미장 면이 너무 마른 후에 다시 덧미장했을 경우 주로 이런 현상이 발생한다. 또 다른 원인은 석회에 산화마그네슘과 산화칼슘 입자가 섞여 있을 경우이다. 이런 문제를 해결하기 위해서는 라텍스 결합제를 사용해야 한다. 라텍스 결합제를 초벌 미장 위에 바른다. 이때 벗겨진 부분의 가장자리는 조심스럽게 발라야 한다. 그래야 새롭게 덧바르는 미장 반죽의 습기가 주변 영역으로 번지는 것을 막을 수 있다. 만약 주변으로 습기가 번지면 다시 탈락 현상이 일어날 수 있다. 벗겨진 부위를 보수한 마감 미장은 철저히 흙손질하고, 만약 칠을 한다면 최소 2주 이상 건조시켜야 한다.

큰 구멍

오래된 근대 건축물에서 미장 면 안쪽의 널외가 보일 정도로 구멍이 뚫려 크게 파손된 것을 자주 발견할 수 있다. 뚫린 구멍 주위의 미장은 널외에 단단히 부착되어야 보수를 하더라도 새롭게 다른 문제가 생기지 않는다. 구멍 주위 미장이 들떠 있거나 심하게 손상된 경우, 주변의 손상된 부분까지 조심스럽게 칼로 잘라 제거한 후 보수해야 한다.

　구멍의 너비가 40cm 이상이면 석고 보드를 나사로 부착한 후 다시 미장하는 것이 좋다. 우선 구멍 주변을 석고 보드를 부착하기 적절한 크기의 사각형으로 잘라낸다. 사각형 크기에 맞춰 석고 보드를 재단한 후에 나사로 널외에 고정한다. 이때 석고 보드의 두께는 미장 면 두께에 최대한 맞춰야 한다. 종종 두께를 맞추기 위해 석고 보드 2장을 부착하기도 한다. 석고 보드를 널외에 부착할 때는 일반 못이 아니라 나사못을 사용해야 한다. 일반 못을 망치로 두들겨 박으면 주변 미장이 헐거워질 수 있다.

　기존 미장 면과 석고 보드 사이의 틈새는 미장 테이프와 미장 컴파운드(현장에선 '빠다'라고 부른다)를 이용해서 없앨 수 있다. 틈새에 먼저 컴파운드를 채워 넣고 미장 테이프나 망사를 부착한 후, 이 위에 다시 미장 컴

🔨 큰 구멍이 뚫린 미장 벽면의 수리 방법

파운드를 바른다. 목공풀과 석회 반죽을 혼합해서 미장 컴파운드로 사용하는 경우도 있다. 컴파운드가 굳기 전에 사포로 갈아서 주변 미장 면과 면을 맞춘다. 석고 보드를 부착한 면 전체에 석회 반죽이 아닌 석고 반죽으로 보수한다. 석회는 늦게 양생되는 데 반해 석고는 빨리 굳고 습기를 빨아들여 기존 미장 면으로 물기가 번지는 것을 제어하기 때문이다.

천장 미장 파손

근대 건축물에서는 종종 천장도 널외로 만들어 석회 미장이나 석고 미장을 했다. 잔 균열은 문제가 되지 않지만 천장 미장이 들떠 내려앉거나 떨어진 경우가 있다. 이럴 경우 우선 미장이 떨어진 구멍 주변 미장도 함께 검사해야 한다. 대개 주변 미장도 느슨해져서 나무 널외와 미장 면이 분리된 경우가 많다. 만약 너무 느슨하다면 미리 잘라내야 하고, 그리 심하지 않다면 미장 와셔를 이용해서 미장 면을 널외에 고정해야 한다. 천장 전체가 심하게 처져 있다면 신속하게 처리해야 한다. 보수할 부분이 클 경우 금속 망으로 덮고 미장하면 오래된 미장을 제거할 필요가 없다. 금속 망을 천장 널외나 천장 목구조에 단단히 고정하고 팽팽하게 늘려서 부착한다.

더 간단한 방법은 벽체에 큰 구멍이 생겼을 때처럼 하자가 생긴 미장

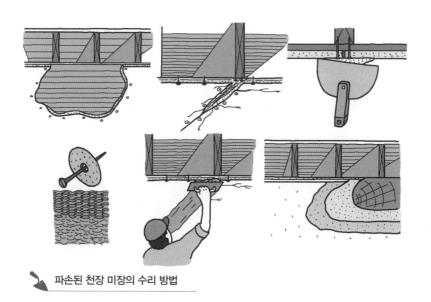

🔨 파손된 천장 미장의 수리 방법

부분을 사각형으로 잘라내고 석고 보드를 미장 와서로 부착한 후 다시 석고 반죽으로 미장하는 방법이다. 석고는 물과 반응하여 20분 만에 굳기 때문에 조금씩 반죽해서 사용해야 한다. 조금 천천히 굳게 하려면 풀을 적당히 섞으면 된다. 풀이나 물을 너무 많이 섞으면 강도가 약해진다는 점에 유의한다.

전면 교체 미장

나무 널외의 상태가 양호하다면 그 위에 다시 미장을 할 수 있다. 하지만 오래되면 널외가 너무 말라 있기 때문에 석회 반죽의 수분을 흡수하여 미장에 균열이 나타날 수 있다. 물론 미장 반죽과 나무 널외가 말라서 발생한 균열은 습도가 올라가면 자연스럽게 줄어든다. 미장하기 전에 나무 널외에 미리 물을 분사해 두는 것이 좋다.

더욱 철저하게 미장의 균열을 방지하기 위해서는 금속 망을 사용한다. 확실하지만 많은 비용이 든다. 금속 망을 부착한 경우 최소 세 번에 걸쳐 덧미장하면서 두께를 더해야 한다. 초벌 미장과 재벌 미장은 섬유를 넣어 금속 망과 잘 결합하게 하고, 마감 미장은 최대한 얇게 바른다.

참조 목록

1부

http://realfinishes.blogspot.com/p/the-history-of-plaster.html
https://www.designingbuildings.co.uk/wiki/Earth_plaster
https://en.wikipedia.org/wiki/Plaster
https://www.wconline.com/articles/88086-the-history-of-plaster-in-architecture-the-ancient-and-classical-periods
https://www.designingbuildings.co.uk/wiki/Plaster
https://www.ecomerchant.co.uk/news/a-brief-history-of-lime-plaster-and-mortar-in-construction/
https://www.coreconservation.co.uk/why-roman-lime-plasters/
https://en.wikipedia.org/wiki/Lime_plaster
https://www.lime.org.uk/community/lime-a-brief-history/lime-in-buildings-a-brief-history.html
https://vasariplaster.com/pages/history-of-plaster
https://www.buildingconservation.com/articles/plaster/lime-plaster.htm
https://www.viero.co.uk/news/the-history-of-lime-plaster-86/
https://www.limebase.co.uk/guides/the-history-of-lime-mortar/
https://www.buildingconservation.com/articles/gypsum/gypsum_plaster.htm
https://yoshino-gypsum.com/en/special/sekkou/03
https://www.eurogypsum.org/the-gypsum-industry/about-gypsum/
https://www.cemexusa.com/products-and-services/cement/history-facts
https://www.britannica.com/technology/cement-building-material/History-of-cement
https://www.worldcementassociation.org/about-cement/our-history
https://en.wikipedia.org/wiki/Cement
https://www.understanding-cement.com/history.html
https://www.giatecscientific.com/education/the-history-of-concrete/

2부

Cedar Rose Guelberth · Dan Chiras,《The Natural Plaster Book: Earth, Lime and Gypsum Plasters for Natural Homes》, Chelsea Green, 2000
James Henderson,《Earth Render-The Art of Clay Plaster, Render and Paints》, Python Press, 2013
左官回話編集会議,《左官回話-11人の職人と美術家の対話》, パオ, 2012

https://story.nakagawa-masashichi.jp/44983
https://hicbc.com/tv/chant/article/?id=chant00494_19120605
https://the-pink-plasterer.business.site/
https://www.facebook.com/ThePinkPlasterer/
https://www.liverpoolecho.co.uk/news/liverpool-news/steph-sets-up-merseysides-only-3397552
https://www.facebook.com/TomBoyplastering/

https://blog.jewson.co.uk/how-i-built-my-with-jess-and-naomi-from-tomboy-plastering/
https://www.plasterersnews.com/closer-look-female-plastering-company/
https://www.americanclay.com/history
http://www.americanclay.eu/
https://vasariplaster.com/pages/about-us
https://clay-works.com/about-us/
https://www.claytec.de/en/company
http://www.lime-plastering.co.uk/
http://www.thelimeplasteringcompany.co.uk/index.html

3부

Emily Reynolds, 《Japan's Clay Walls: A Glimpse into their Plaster Craft》, Material, 2009
佐藤嘉一郎・佐藤ひろゆき, 《土壁・左官の仕事と技術》, 学芸出版社, 2001
김진욱, 《100년 만에 되살리는 한국의 전통미장기술》, 성안당, 2019
《문화재수리표준시방서》, 문화재청, 2014
Robert Schuh, 《Lehmfarben Lehmputze: Kreative Gestaltungsideen Schritt für Schritt》, DVA, 2011
Gernot Minke, 《Building with Earth》, Birkhäuser, 2006
Becky Bee, 《The Cob Bulders Handbook》, GROUNDWORKS, 1997
Mark Mendel Goodman, 《The Effects of Wood Ash Additive on the Structural Properties of Lime Plaster》, University of Pennsylvania, 1998

http://sustainablenations.org/Resources/NATURALPLASTERS.pdf
https://www.themudhome.com/wattle-and-daub.html
https://www.lowimpact.org/categories/wattle-daub
http://www.devonearthbuilding.com/newsletter.htm
http://abari.earth/
https://earthlyyours.in/natural-plasters
https://madeinearth.in/
https://exarc.net/issue-2016-3/ea/energy-saving-house-3400-years-ago
https://www.tv9hindi.com/knowledge/vedic-paint-organic-vedic-paint-nitin-gadkari-launches-vedic-paint-soon-to-improve-villager-farmers-economy-407532.html

4부

Adam Weismann・Katy Bryce, 《Clay and Lime Renders, Plasters and Paints: A how-to guide to using natural finishes(Sustainable Building)》, Green Books, 2015
Kelly Lerner, 《Northwest Eco building Guild Retreat-Natural Finishes for Beginners》
Sukita Reay Crimmel・James Thomson, 《Earthen Floors: A Modern Approach to an Ancient Practice》, New Society Publishers, 2014
Irmela Fromme・Uta Herz, 《Lehm-und Kalkputze: Mörtel herstellen, Wände verputzen, Oberflächen gestalten》, Ökobuch Verlag GmbH, 2012
Adam Weismann・Katy Bryce, 《Using Natural Finishes: Lime and Earth Based Plasters, Renders&Paints(Sustainable Building)》, UIT Cambridge Ltd., 2008

https://www.science.gov/topicpages/s/sticky+rice-lime+mortar.html
http://soilart.minibird.jp/
http://home.p06.itscom.net/sakan/index.html

https://www.japaneseplastering.com/fundamentals/tutorials

https://permies.com/t/16304/wood-ash-soil-cement

https://thekidshouldseethis.com/post/creating-wood-ash-cement-from-scratch-an-experiment

https://primitivetechnology.wordpress.com/author/johnpla/

https://thannal.com/interview-thappi-a-marvel-tool-of-lime/

https://thannal.com/types-of-indian-plaster-part-1/

https://thannal.com/plasters-of-rajasthan/

https://www.re-thinkingthefuture.com/architectural-styles/a3365-10-indian-vernacular-finishes-that-are-disappearing/

http://naturalhomes.org/naturalliving/shea-butter.htm

https ://www.youtube.com/watch?v=hgC2d5TbPtQ

https://muramatsu-sakan.com/construction-diary-blog/はき付け仕上げ

http://www.greenhomebuilding.com/QandA/cob/plastering.htm

http://www.nissaren.or.jp/category/infor/technique-infor

https://web.itu.edu.tr/~isikb/yemenbildiri01.html

https://geopolymerhouses.wordpress.com/2011/06/22/gypsum-and-lime-stabilized-soil-alker-technology/

https://www.kinkikabezai.com/blog/diary/post-1570/

https://www.ota-sakan.com/column/slug-11444b174b674c8d4d2b1f30afd8e611

http://www.nissaren.or.jp/455

https://yasunaga-k.co.jp/blog/%E4%B8%89%E5%92%8C%E5%9C%9F%E3%81%A8%E3%81%AF%E3%83%BB%E3%83%BB%E3%83%BB/

https://www.youtube.com/watch?v=dxGWNoEigdM

5부

Jane Schofield,《Lime in Building-a Practical Guide》

Historic Scotland National Conservation Center,《Short Guide: Lime Mortars in Traditional Buildings》

佐藤嘉一郎・佐藤ひろゆき,《土壁・左官の仕事と技術》,学芸出版社, 2001

職業能力開発総合大学校 基盤整備センター(編),《左官》, 2008

Miles Lewis,《Victorian Stucco》, Heritage Council Victgria Melbourne, 2013

Adam Weismann・Katy Bryce,《Clay and Lime Renders, Plasters and Paints: A how-to guide to using natural finishes(Sustainable Building)》, Green Books, 2015

Irmela Fromme・Uta Herz,《Lehm-und Kalkputze: Mörtel herstellen, Wände verputzen, Oberflächen gestalten》, Ökobuch Verlag GmbH, 2012

Adam Weismann・Katy Bryce,《Using Natural Finishes: Lime and Earth Based Plasters, Renders&Paints(Sustainable Building)》, UIT Cambridge Ltd., 2008

Gert Ziesemann・Martin Krampfer,《Tadelakt》, Kreidezeit Naturfarben, 2007

Erasmus+Programme of the European Union,《TADELAKT STEP-BY-STEP GUIDE》

김진욱,《100년 만에 되살리는 한국의 전통미장기술》, 성안당, 2019

Caterina Borelli,《Qudad: Reinventing a Tradition(Yemen)》, Watertown, 2004

Technical Services Information Bureau,《CHAPTER 1-HISTORY OF LATH&PLASTER》www.tsib.org, 2011

Technical Conservation Research and Education Division,《Technical Advice Note 15. External Lime Coatings on Traditional Buildings》, Hiostoric Scotland, 2001

https://www.blog.rice-ohmori.com/2010/05/blog-post_18.html
https://www.heritagelimeplastering.co.uk/portfolio_category/lime-plaster/
https://www.japaneseplastering.com/fundamentals/tutorials
http://www.nissaren.or.jp/category/infor/technique-infor
http://www.florentinemasonry.com/venetian-plaster-and-tadela/
https://www.pigmentti.com/blog/bas-relief-sculpture-materials-marmorino/
https://store.der.org/qudad-re-inventing-a-tradition-p466.aspx
https://it.wikipedia.org/wiki/Cocciopesto
https://en.wikipedia.org/wiki/Marmorino
https://thannal.com/interview-thappi-a-marvel-tool-of-lime/
https://thannal.com/types-of-indian-plaster-part-1/
https://thannal.com/plasters-of-rajasthan/
https://www.re-thinkingthefuture.com/architectural-styles/a3365-10-indian-vernacular-
  finishes-that-are-disappearing/
https://www.haradasakan.co.jp/magazine/magazine201308/
https://yomogi8.net/archives/990
https://www.haradasakan.co.jp/magazine/magazine201303/
http://soilart.minibird.jp/ootu_migaki_kabe.html
https://www.youtube.com/watch?v=eWFEJmsddV0

6부

Historic England, 《Historic Fibrous Plaster in the UK》, 2019

https://delphipages.live/da/visuel-kunst/grafisk-kunst/sgraffito
https://paintedimage.com.au/techniques/
http://ideacreation.com.au/portfolio/scagliola-stuccomarmo
https://en.wikipedia.org/wiki/Scagliola
https://www.traditionalbuilding.com/product-report/scagliola
https://www.buildingconservation.com/articles/scagliola/scagliola.htm
http://realfinishes.blogspot.com/2011/11/plaster-casting-series-scagliola.html
https://www.7kub.ru/trafaret-dlya-sten-pod-shtukaturku-raspechatat/
https://mainstream-spb.ru/trafareti-dlya-shtukaturki
https://www.homestratosphere.com/types-stucco-siding-home-exteriors/
https://mbdou42.ru/ko/plaster/varieties-of-decorative-plaster-for-interior-work-which-is-
  better-to-choose-a-facade-plaster-for-outdoor-works/
https://chrome-effect.ru/glazing/dekorativnye-shtukaturki-dlya-intererov-dekorativnaya/
http://www.batic.org/
http://www.victoriaconcretesurfaces.ca/techniques-finishes/broom-finish
https://www.unitex.com.au/roll-on-textures/#
https://www.textureman.com.au/structure
https://thestuccoguy.com/stucco-textures-a-visual-aid/
https://ja.wikipedia.org/wiki/こて絵
https://dailyportalz.jp/kiji/140416163861
https://callumthorne.com.au/
https://en.wikipedia.org/wiki/Stucco
https://www.gjplastermouldings.com/
https://www.buildingconservation.com/articles/limeplast/limeplast.htm

7부

stucco 2010,《Stucco Repair: Project Development》
University of Illinois SHC-BRC,《Old House Restoration-No1 Plaster》
문화재청,《공주 중학동 구 선교사 가옥 기록화 조사 보고서》
kristin balksten,《Traditional Lime Mortar and Plaster-Reconstruction with emphasis on durability》, Research School NM, 2007

http://www.florentinemasonry.com/tools.html

이미지 출처

15쪽 http://www.africavernaculararchitecture.com/wp-content/uploads/2015/06/Namibia-one-person-abandoned-house-submitted-by-Gentiana-Iacob5570933b88771.jpg

16쪽 https://www.designingbuildings.co.uk/w/images/e/e5/Wattle_and_daub_construction.jpg

27쪽 https://youtu.be/DP0t2MmOMEA(Primitive Technology)

42쪽 https://qph.fs.quoracdn.net/main-qimg-57a281e3a159389b18882a5c2a7ca107

46쪽 https://www.pla-navi.com/uploads/quizzes/47/5eb7bf2fa6813.jpg(職人社 秀平組)

48쪽 https://www.kusuminaoki.com/%E3%81%8A%E5%95%8F%E3%81%84%E5%90%88%E3%82%8F%E3%81%9B/

50쪽 http://www.storytrender.com/wp-content/uploads/2019/07/3_MPM-FEMALE_PLASTERER_TROLLED-12.jpg(Mercury Press)

52쪽 https://www.facebook.com/TomBoyplastering/photos/pcb.1926721747374265/1926721637374276/(Tomboy Plastering)

59쪽 https://clay-works.com/wp-content/uploads/2020/01/127-clayworks-unique-clay-plaster-textured-stylish-finishes-contemporary-interiors.jpg(Clayworks)

60쪽 https://ecowonen.net/wp-content/uploads/intro6-2-960x640.jpg(Claytec)

66쪽 https://www.inkensetsu.co.jp/wp2017/wp-content/uploads/2018/05/32678491_2151279025106422_1149102260773453824_n.jpg

90쪽 https://exarc.net/sites/default/files/main2_33.jpg

106쪽 https://youtu.be/YELbpxScSUU?list=TLGGVSLdbYEs39owOTAxMjAyMg

109쪽 https://images.tv9hindi.com/wp-content/uploads/2020/12/Cow-Dung-Image.jpg?w=900&dpr=1.0

121쪽 https://youtu.be/DP0t2MmOMEA

128쪽 https://thannal.com/wp-content/uploads/2020/12/Thappi_arayash_araish_plaster_lime_rajasthan_india_1-1030x687-1.jpg.webp

142쪽 https://rakusai-garden.com/case/files/2017/05/cdec8ad6e52363654e24ab85d13281541.jpg(Rakusai Garden)

151쪽 김성원 촬영

153쪽 https://muramatsu-sakan.com/wp-content/uploads/2018/12/20181208_183806-e1545640171431.jpg(村松左官工業)

154쪽 https://www.pinterest.jp/pin/410883166001645950/

176쪽 https://lh6.ggpht.com/_YYbqUhGSDHo/S34oP1qgdBI/AAAAAAAAAcE/1AOXdaPrhxA/s400/testo2.jpg

177쪽 김성원 촬영

179쪽 김성원 촬영

181쪽 김성원 촬영

184쪽 https://wara3.jp/wp-content/uploads/fc2/IMG_9332.jpg

186쪽 https://www.heritagelimeplastering.co.uk/wp-content/uploads/2017/08/
WP_20150527_13_06_07_Pro.jpg

189쪽 https://pbs.twimg.com/media/DFwjUE2XUAAiGNP?format=jpg&name=small

192쪽 https://www.bancadellacalce.it/bdc/wp-content/uploads/2018/05/cocciopesto-
laterizio-macinato-banca-della-calce.jpg

195쪽 http://www.florentinemasonry.com/_Media/fine-plaster-finishes_hr-2.jpeg

201쪽 https://31qwwx2bh9ox35t0h84591ug-wpengine.netdna-ssl.com/wp-content/
uploads/2016/07/POLISHED-PLASTER-WALLS-PEARL-MINERAL-TEAR-MOSCOW.jpg

204쪽 https://www.pigmentti.com/wp-content/uploads/2019/03/Polishing_the_domes_Bas_
Relief_Marmorino_1_wxfkhp.jpg

212쪽 https://i0.wp.com/mikemico.com/wp-content/uploads/2019/05/IMG_20190502_124030.
jpg?ssl=1

214쪽 https://komiya-sakan.jp/wp-content/uploads/2018/03/DSC_1503.jpg

221쪽 https://cdn.britannica.com/76/123576-050-3CB9E27D/Detail-sgraffito-walls-
Renaissance-Czech-Republic-Breznice.jpg

228쪽 https://paintedimage.com.au/wp-content/uploads/2017/09/scagliola-1.jpg

230쪽 http://ideacreation.com.au/wp/wp-content/uploads/2015/09/IMG_3723-653x450.jpg

231쪽 http://1.bp.blogspot.com/-lU2DdL6iYKg/TtA_555TduI/AAAAAAAAAC4/
n3DLQ4KP9ng/s1600/a%2Bmoment%2Bof%2Bmy%2Bwork.JPG

235쪽 https://engineeringdiscoveries.com/50-wall-texture-ideas-learn-how-to-use-
decorative-roller/

236쪽 https://i.pinimg.com/736x/92/43/d6/9243d63d89b9501d48f3bc9aae806e0e.jpg

237쪽 https://mainstream-spb.ru/uploads/s/0/z/k/0zk8gjqzwgii/img/full_fFxsPc6u.jpg

241쪽 https://www.homestratosphere.com/wp-content/uploads/2018/11/sand-stucco-
nov222018-min.jpg

243쪽 https://www.pinhome.id/kamus-istilah-properti/wp-content/uploads/2021/10/
Pinterest-kamprot-1024x765.jpg(위)

243쪽 https://i.ytimg.com/vi/KTI0BKPmi30/maxresdefault.jpg(아래)

244쪽 김성원 촬영

246쪽 https://mbdou42.ru/assets/kdsc-q35cd.jpg

247쪽 http://www.batic.org/wp-content/uploads/2018/07/Stucco2.jpg(위)

247쪽 https://c.pxhere.com/photos/85/04/wallpaper_background_texture_abstract_material_
pattern_the_structure_of_concrete-1201557.jpg!d(아래)

248쪽 https://www.unitex.com.au/wp-content/uploads/2018/05/Uni-Roll-Texture-1-
1030x686.jpg

249쪽 https://thestuccoguy.com/wp-content/uploads/2017/01/Cat-Face-With-Smaller-
Inclusions.jpg

257쪽 https://jp.bloguru.com/userdata/268/268/201604140843334.JPG

258쪽 http://livedoor.blogimg.jp/kazumahakase-jikkenshitsu/imgs/c/a/caee7898-s.jpg

261쪽 https://9.cdn.ekm.net/ekmps/shops/1abc6d/images/french-floral-decorative-plaster-
ceiling-657-dv-p.jpg?v=99BC90BA-EEF5-47EF-8F44-E140E2B15308

263쪽 https://callumthorne.com.au/wp-content/uploads/2018/09/small.jpg

271쪽 https://m.blog.naver.com/PostView.naver?isHttpsRedirect=true&blogId=claytec&log
No=221069310028

273쪽 http://www.florentinemasonry.com/_Media/scratching-trowel_med.jpeg